基于机器学习的煤与瓦斯突出危险性识别研究(BK20140192)资助
江苏省基础研究计划(自然科学基金)——青年基金项目资助

机器学习的煤与瓦斯突出前兆识别方法研究

闫秋艳　著

U0337594

中国矿业大学出版社

图书在版编目(CIP)数据

机器学习的煤与瓦斯突出前兆识别方法研究 / 闫秋艳著.
—徐州:中国矿业大学出版社,2017.10
ISBN 978 - 7 - 5646 - 3677 - 7

Ⅰ.①机… Ⅱ.①闫… Ⅲ.①煤突出－防治②瓦斯突
出－防治 Ⅳ.①TD713

中国版本图书馆 CIP 数据核字(2017)第 208450 号

书　　名　机器学习的煤与瓦斯突出前兆识别方法研究
著　　者　闫秋艳
责任编辑　陈　慧
出版发行　中国矿业大学出版社有限责任公司
　　　　　(江苏省徐州市解放南路　邮编 221008)
营销热线　(0516)83885307　83884995
出版服务　(0516)83885767　83884920
网　　址　http://www.cumtp.com　E-mail:cumtpvip@cumtp.com
印　　刷　徐州中矿大印发科技有限公司
开　　本　850×1168　1/32　印张 6　字数 156 千字
版次印次　2017 年 10 月第 1 版　2017 年 10 第 1 次印刷
定　　价　36.00 元
　　(图书出现印装质量问题,本社负责调换)

前　言

　　煤与瓦斯突出是煤矿采掘过程中大量煤岩和瓦斯瞬间抛入采掘空间的一种动力灾害,伴随强大的冲击波,可摧毁采掘空间内的设施,抛出煤岩伤害或掩埋人员,导致人员窒息死亡;瞬间涌出的大量瓦斯气体流入通风流中,使风流中瓦斯浓度迅速增高,遇到火源时可能引发瓦斯爆炸,继而可能引发煤尘爆炸。我国50%以上重点煤矿为高瓦斯突出矿,对煤矿安全生产造成严重威胁。

　　我国学者及安全科技工作者通过卓绝的研究工作,在煤与瓦斯突出机理及灾害预警方面取得了大量的成果。随着预警及防突措施研究与实施的加强,突出数量逐年下降,防治突出效果明显。但是近年来,随着采深加大,突出日趋复杂,以应力为主或以应力和瓦斯共同作用的压出、压出型突出或冲击型突出越来越多,又出现突出事故频发的现象,突出防治任务依然严峻。

　　智能信息处理技术能够从数据自身出发,通过建立处理复杂系统信息的理论、算法和系统模型,发现数据包含的本质规律。将智能信息处理技术(如机器学习、神经网络、模糊数学、群智计算、粗糙集、混沌与分型以及灰色理论等)应用于煤与瓦斯突出前兆识别与突出预警,已经取得了较为丰富的研究成果。近年,大数据及云计算技术又将人工智能(特别是机器学习)技术推向新的高潮,新时期硬件技术的飞速发展,使许多原有人工智能的瓶颈问题迎刃而解,并提出了许多新理论及新方法以求解决大数据时代对处理速度及数据规模的新要求。在这样的大背景之下,运用机器学习技术从数据入手挖掘突出事故发生发展的规律,对突出监测数据中的干扰模式及突出前兆模式进行高效识别,既顺应目前人工智能发展的大趋势,又是寻求科学的突出预警方法的必经之路,二者的结合具有重要意义。

本书以煤与瓦斯突出监测数据(瓦斯浓度及电磁强度)为研究对象,通过引入"概率数据流"模型,对监测数据进行建模,并在此模型基础上实现干扰模式的检测和突出前兆模式的识别,同时提出了突出数据的类不均衡问题,并针对类不均衡对突出模式识别产生的影响进行了深入分析,给出了有效的解决方法。本书主要成果包括:

(1) 在分析突出监测数据特点的基础上,采用"概率流数据"模型对其进行建模,并提出了一种基于拟合点的分段线性拟合方法,该方法解决了传统时间序列模式表示方法依赖序列长度和领域知识的问题,且可以根据环境变化自适应调整拟合策略。

(2) 针对环境因素及机电设备对监测数据造成的非突变型干扰,定义了"概率流数据"模型的模式异常,从概率流数据之间的概率相似距离出发,提出了"基于概率相似距离的模式异常检测方法",推导出了概率相似距离分布函数的表示形式,得到了突出概率流数据模式异常概率的计算方法。仿真实验表明,针对瓦斯浓度监测数据中的非突变型干扰模式具有良好的检测效果。

(3) 针对机电设备对监测数据造成的突变型干扰,提出一种基于时间序列 Discord 模式检测的突变干扰模式识别方法。该方法解决了传统 Discord 方法无法处理含噪时间序列异常检测的问题,同时实现了连续时间序列的 Top-k 异常排序。对模拟数据和突出电磁强度数据的实验表明,本章算法较传统时间序列异常检测方法对突变模式的异常检测准确率有明显提高,在运行时间上虽有增加但不会造成太大的影响。

(4) 趋势分析是煤与瓦斯突出前兆识别的关键。提出了一种基于趋势分析的灾害模式检测方法,该方法采用客户/服务器模式,客户端实现单个检测设备的模式异常概率的预测、调整,并对调整后的数据进行检验,服务器端根据各监测设备发送来的模式异常概率预测值,生成全局模式异常概率序列,并对序列趋势进行分析,最终得到是否发生突出的预测结果。仿真实验通过对一次真实瓦斯突出前夕的瓦斯浓度进行算法测试,验证了该方法对突出前兆模式识别的有效性。

(5)提出了煤与瓦斯突出监测数据所具有的不平衡性及其对突出监测产生的影响问题,分析了其原因和现有方法的不足之处,提出了一种面向不平衡时间序列数据集的分类方法,结合了基于shapelets分类算法的可解释性和AUC对不平衡数据集的适应性,所提方法在标准不均衡数据集上取得了理想的效果,而针对突出监测数据的算法实验,将留待进一步研究。

本书在撰写过程中得到了中国矿业大学夏士雄教授和王恩元教授的悉心指导,以及研究生姚彦旭、孙其法、闫欣鸣、余思琴等人的热情帮助,在此表示深深的谢意。

本书得到江苏省青年自然科学基金的资助,在此表示感谢。

由于作者水平有限,加之时间仓促,书中难免存在缺点或不足之处,敬请各位专家和广大读者批评指正。

著　者

2017 年 6 月于中国矿业大学南湖校区

目　　录

目　　录

第 1 章 绪 论

1.1 引言

煤与瓦斯突出是煤矿生产中存在的一种极其复杂的地质动力现象,它能在极短的时间内(多则数分钟,少则数秒或数十秒钟)由煤体向巷道或采场突出大量的煤炭及涌出大量的瓦斯,并造成一定的有时是十分巨大的动力效应,诸如推倒矿车、毁坏支架等。对于大型突出特别是特大型突出,突出的煤炭可以堵塞数百米甚至千米以上的巷道,涌出的瓦斯可以逆风运行数千米,甚至弥漫波及整个矿井。煤与瓦斯突出是严重威胁煤矿安全生产的主要自然灾害之一。

国家高度重视煤矿瓦斯的防治工作,2005 年 3 月,成立了以国家发展和改革委员会为组长单位,12 个部门和单位参加的煤矿瓦斯防治协调领导小组,并先后组建了煤矿瓦斯治理国家工程研究中心、煤层气开发利用国家工程研究中心和国家能源煤与煤层气共采技术重点实验室开展瓦斯防治研究。国家多次立项开展煤矿瓦斯防治研究,经过多年努力,我国煤矿瓦斯防治成效显著[1]。

近年来,随着我国煤矿开采深度和强度的增加,开采煤层地应力、瓦斯压力越来越高,煤与瓦斯突出、冲击地压等煤岩动力灾害危险越来越严重,已成为威胁煤矿安全生产的首要因素。2014 年与 2006 年相比,煤与瓦斯突出事故起数占煤矿重特大事故起数比例由 24% 上升到 35.6%,死亡人数占煤矿重特大事故死亡人数比例由 24.2% 上升至 37.2%,因此,煤与瓦斯突出防治任务依然艰巨。

煤与瓦斯突出的监测与预警,是突出防治的最重要环节。如何将突出事故消除在萌芽状态,及早发现、及早预防,是避免突出,减少财产损失及人员伤亡的关键环节。针对煤与瓦斯突出的监测预警技术的研究,多年来已经取得了累累硕果,不仅在学术领域获得了大量优秀的研究成果,更是将这些成果应用到了采掘现场,防治突出成效明显。

本章在综合概述我国煤与瓦斯突出特点、煤与瓦斯突出分类等问题的基础上,对我国煤与瓦斯突出预测预报的研究现状进行了阐述,重点对人工智能及机器学习技术在突出预测中的研究成果进行了详细介绍。

1.2 我国煤与瓦斯突出的概况

长期以来,我国煤炭生产和消费占整体能源的近 70%,国家《能源中长期发展规划纲要(2004—2020)》中确定,我国将坚持以"煤炭为主体、电力为中心、油气和新能源全面发展"的能源战略,煤炭将长期成为我国的主导能源。但煤与瓦斯是伴生资源,我国瓦斯资源分布广、储量大、煤层深埋小于 2 000 m 的总量高达 36.81万亿 m^3(相当于 450 亿 t 标准煤),大部分矿区煤层属于低透气性,瓦斯抽采难度大,给矿山安全生产造成严重威胁。同时,我国是世界上煤与瓦斯突出灾害最严重的国家之一,煤与瓦斯突出矿井数量多、分布广。

新中国成立以来,我国煤与瓦斯突出事故发展的总体变化特点是上升迅速,下降平缓且有起伏,主要可划分为四个阶段[2]:

(1)上升阶段(1950—1980 年)。煤炭工业发展迅速,突出矿井的数量增长快,很快由 1 个增加到 205 个,每年发生突出从 2

起增加到 1 151 起。

(2) 稳定下降阶段(1981—2000 年)。随着防突措施研究与实施的加强,突出起数逐年下降,20 世纪 80 年代全国每年突出事故基本控制在 500～600 起。特别是在颁布《防治煤与瓦斯突出细则》以来,全面推行"四位一体"综合防突措施,防治突出成效明显。在 1992 年后的 4 年中,国有重点煤矿年均突出控制在 300 起以内,平均为 252 起,突出死亡人数控制在每年 50 人以内。

(3) 回升抬头阶段(2001—2005 年)。随着国民经济的快速增长,煤炭需求大幅增加,矿井开采强度和开采深度不断增大,各矿区的突出危险性愈发严重,矿井超能力生产现象较为普遍,突出事故数量也维持在一个较高的水平。

(4) 下降和稳定阶段(2006—2010 年)。在国家的大力整治下,突出事故数量逐年下降。在矿井开采深度、突出矿井数量和全国煤炭产量逐年增加的形势下,保持了突出伤亡事故起数和死亡人数的基本稳定,年均突出伤亡事故 40～50 起,造成的死亡人数 250～320 人。

1.3 煤与瓦斯突出的分类

煤炭开采过程中,突然从采掘工作面的煤(岩)体内向采掘空间喷出煤(岩)与瓦斯(甲烷或二氧化碳)的动力现象,统称为煤与瓦斯突出。但由于动力现象的特征不同,而又可以分为四种类型[3]:

(1) 煤与瓦斯突出

煤与瓦斯(甲烷或二氧化碳)突出是指煤与瓦斯在一个很短的时间内突然地连续地自煤壁暴露面抛向巷道空间所引起的动力现象。根据目前的研究结果,引起煤与瓦斯突出的力有地应力和瓦斯压力,通常以地应力为主,瓦斯压力为辅,重力不起决定作用,作用介质为软煤和瓦斯。这种煤与瓦斯突出,具有强大的动力效应,可使井巷设施和通风系统受到破坏。

(2)煤的突然压出

煤与瓦斯压出,简称压出,发动与实现压出的主要作用力是地应力,瓦斯压力与煤的自重是次要因素,压出的基本能源是煤岩所积蓄的弹性变形能。

煤的突然压出主要特征是:

① 压出的煤抛出距离很近,一般为 2~3 m,堆积坡度较小,有时煤壁整体位移,使工作面煤壁鼓出或巷道底部煤体鼓起。

② 压出的煤多为大块或碎块状,无分选现象。

③ 发生压出前工作面压力显现较为明显,支架折断、工作面掉渣、响煤炮等。

④ 压出时的瓦斯涌出量不大,不至于引起采区回风瓦斯超限,但工作面回风瓦斯浓度可短时升高或超限,在正常通风情况下,很快就可恢复正常,只有个别情况下会出现大量瓦斯涌出或从顶底板裂隙中喷出瓦斯现象。

⑤ 压出时动力效应明显,如打到或折断支架、推走采掘工作面的设备。

⑥ 除煤壁整体位移外,压出后所形成的空间不规则,有带状的、也有楔形或篷型的。

(3)煤的突然倾出

煤与瓦斯倾出,简称倾出,发动倾出的主要因素是地应力,即结构松软、含有瓦斯致使内聚力降低的煤,在较高地应力的作用下,突然破坏、失去平衡,为其位能的释放创造了条件,实现倾出的主要力是煤的自重。

煤的突然倾出的主要特征是:

① 倾出的煤按照自然安息角堆积,并无分选现象。

② 倾出的孔洞呈孔大腔小,孔洞轴线沿着煤层倾斜或铅垂方

向发展。

③ 无明显动力效应。

④ 倾出常发生在煤质松软的急倾斜煤层中。

⑤ 巷道瓦斯(二氧化碳)涌出量明显增加。

(4) 岩石与瓦斯突出

岩石与瓦斯突出是由于在较高的地应力和外界动力的作用下,岩体瞬间被破坏并向巷道空间抛出,同时涌出大量的瓦斯(甲烷或二氧化碳)。

岩石与瓦斯突出的主要特点是:

① 岩石与瓦斯突出几乎都是爆破引起的,它与正常爆破崩落岩石的主要区别在于突出的岩石量比正常爆破时要多,抛出的距离也要远,视强度的大小,其抛出的距离可以从数米到数十米以上。

② 突出岩石一般为砂岩,有分选现象。

③ 突出时的瓦斯量较大,甚至出现瓦斯逆流现象。

④ 动力效应作用明显,破坏支架、推倒矿车、搬走巨石。

⑤ 突出后在岩体中形成极不规则的空洞,其位置多在巷道上方或上隅角。

1.4 煤与瓦斯突出危险性预测的必要性及分类

1.4.1 突出危险性预测的必要性

煤与瓦斯突出的发生具有突然性,防治它需要投入大量的人力、物力和财力。资料表明,突出矿井的建设要比非突出矿井增加 25%~30%,吨煤成本增加 1.5~2 倍,采煤效率要降低 25%~28%,工作面日产要减少 40%~60%,而采深每增加 100 m,由于瓦斯与地温等原因,煤炭成本要增加 5%~6%。因此,国内外的研究人员要设法研究突出前在煤体中各种突出要素的变化规律,以便及时地发出突出预报,达到减少防突工作量、提高矿井效能、降低采煤成本的目的。因此,突出预测是防突的重要环节之一,其目的是确定突出危险区域和地点,为采取合理的防突措施提供科学依据。

1.4.2 突出预测分类

突出预测可分为区域突出危险性预测(简称"区域预测")和工作面突出危险性预测(简称"工作面预测")两类[3]。

区域预测又称为长期预测,主要任务是确定矿井、煤层和煤层区域的突出危险性。区域预测应在地质勘探、新井建设、新水平和新采区开拓或准备时进行。

工作面预测又称为日常预测或点预测,包括石门和竖、斜井揭煤工作面、煤巷掘进工作面和采煤工作面的突出危险性预测,主要任务是预测工作面附近煤体的突出危险性,即该工作面继续向前推进时有无突出的危险。需要指出的是,若不加特别说明,本书中的研究对象主要针对工作面(日常)预测。

1.5 工作面煤与瓦斯突出预测的研究现状

在防治煤与瓦斯突出的研究中,人们一直在三个方面进行着不懈的努力,其一,研究煤与瓦斯突出的机理,掌握突出的发生发展规律;其二,对煤与瓦斯突出演化过程进行实验模拟研究;其三,研究煤矿现场适用的突出预测预警方法和突出防治技术。

1.5.1 突出机理研究现状

煤与瓦斯突出是一种由煤和瓦斯共同作用的复杂物理现象,近一个世纪以来,国内外专家学者对其发生机理进行了不断研究,并根据各自的研究成果提出了众多的突出机理假说,但到目前为止未达成一致。

关于煤与瓦斯突出机理的假说国外总体有四种:地应力主导

假说、瓦斯主导假说、化学本质假说和综合作用假说。其中前三种假说为单因素假说,提出也较早,从 20 世纪 80 年代开始,人们对突出机理的认识普遍由单因素逐渐向多因素转变,综合假说逐渐被人们广泛接受。

我国专家学者也在煤与瓦斯突出机理方面进行了深入的研究,从 20 世纪 60 年代起主要对煤与瓦斯突出"三因素"进行了系统研究,提供了新的观点和见解。近年来,随着研究手段的革新,产生了众多新观点,概括起来主要有以下几方面[4]:

(1)中心扩张假说,认为煤与瓦斯突出是由距离采掘工作面某一点开始的,随后向四周发展,突出发生中心处于应力集中状态,并且此处瓦斯压力、应力分布、煤的结构特征具有明显非均匀性,故透气性较低,低透气性又极其容易造成高的瓦斯压力梯度,突出发生的动力由煤岩和瓦斯共同提供。

(2)流变假说,认为煤与瓦斯突出是在采动过程中地应力重新分布造成含瓦斯煤体裂隙和游离瓦斯相互作用的流变过程,在突出发生的准备阶段,煤体在地应力及高压瓦斯作用下发生蠕动变形,强度减小,并形成更加发育的裂隙网,当达到失稳临界状态后,瓦斯气体能量造成煤体大范围失稳破坏形成突出。流变假说对煤矿井下实际发生的延时突出给予了很好的理论解释。

(3)二相流体假说,认为煤与瓦斯突出是煤粒、瓦斯二相气体流作用下冲破煤体而发生的物理现象。煤粒是在高地应力的作用下形成的,高瓦斯压力使煤粒能够克服自重悬浮于瓦斯气体中,从而形成二相流体,二相气体的形成和受压形成能量进一步积蓄,随着采掘卸压作用,积蓄的高能量冲破煤体从而发生煤与瓦斯突出。

(4)固体耦合失稳假说,认为煤与瓦斯突出的原因是在采掘活动等作用下,煤体应力重新分布,局部含瓦斯煤体发生突然和快速破坏。

(5)球壳失稳假说,认为煤和瓦斯突出过程的实质是地应力破坏煤体,煤体释放瓦斯,瓦斯使煤体裂隙扩张并使形成的煤壳失稳破坏。煤体的破坏以球盖状煤壳的形成、扩展及失稳为主要特点,破坏的煤体抛向巷道后,煤体内部继续破坏。

综上所述,对煤与瓦斯突出产生和发展机理的研究成果,目前仍处于假说阶段,起始阶段主要以单因素假说为主,争论较大,随着研究的进一步深入,目前煤与瓦斯突出综合假说普遍得到了认可,认为突出是地应力、煤体和瓦斯共同作用的结果。但综合假说中针对多因素综合作用,各因素的贡献大小(即是否以一种或几种为主控因素)、突出发生和发展的机制问题仍未达成一致意见,这也是以后对煤与瓦斯突出机理进行研究的重要方向。

1.5.2 突出演化过程的模拟实验研究

（1）瓦斯诱导突出的模拟实验研究

郑哲敏等[5]进行了煤与瓦斯突出的一维试验,认为煤与瓦斯突出不限于一维,这种状态下的推进需要一个临界原始瓦斯压力和一个相对应的最大破碎厚度。颜爱华等[6]进行只考虑瓦斯压力下不同煤体强度的含瓦斯煤的破坏模拟试验,验证了煤与瓦斯突出是瓦斯压力、地应力及煤岩体的力学性质综合作用的结果。魏建平等[7]利用压差原理模拟了煤与瓦斯突出现象,认为相同瓦斯压力下近距离直角拐弯巷道产生的冲击波初始超压明显大于直线巷道,而直角拐弯巷道下,冲击波的衰减速度增加,幅度不大。

（2）地应力诱导突出的突出模拟试验研究

地应力是控制煤与瓦斯突出的重要因素,地应力的增高和应力状态的突然变化都可能使煤体发生运动和突然破碎,从而导致煤与瓦斯突出。许江等[8]模拟不同集中应力区应力水平条件下的型煤试件的煤与瓦斯突出,认为应力集中区应力水平的变化对煤与瓦斯突出有着重要的影响作用。孟祥跃等[9]自行设计、加工了模拟煤与瓦斯突出的二维试验装置,同时采用了较先进的数据采集记录设备,进行模拟突出试验,发现煤样的破坏存在"开裂"和

"突出"两类典型现象,煤体的破坏区前沿压力突降,以拉伸的强间断形式从中心孔向外传播。

（3）煤体物理力学性质影响下的突出模拟试验研究

J.Bodziony 等[10]选用粒径小于 0.2 mm 的煤粉压制而成的型煤对突出发生的条件进行试验研究,得到结论:煤的粒度分布和煤的水分含量影响型煤的特性,煤的孔隙率增加会使煤的抗拉强度和抗压强度降低,型煤破坏速度与孔隙率之间存在明显的相关性。吴鑫等利用大型煤与瓦斯突出模拟试验台,选用不同粒级配比下的煤粒,在相同试验参数条件下制作成突出煤样,通过对比分析验证了煤体破碎程度与瓦斯突出危险性潜在的关系[11]。

另外,尹光志等[12]用粉和石膏混合材料模拟硬煤岩封闭突出口,进行在恒定垂直应力和水平应力情况下的石门揭煤过程中煤与瓦斯延期突出模拟实验。欧建春[13]建立了一个模拟不同瓦斯压力、应力以及不同煤体条件下的煤与瓦斯突出实验系统,结合理论分析和数值模拟研究煤体、地应力和瓦斯压力对突出的影响规律。许江等[14]使用自主研发的煤与瓦斯突出的模拟试验装置,开展了不同突出口径条件下煤与瓦斯突出模拟试验,认为突出口径和煤与瓦斯突出的发生、持续时间和强度都有很大关系。

1.5.3　传统突出危险性预测方法

工作面突出预测方法按照突出监测指标可分为:单指标法和综合指标法。起初多用单指标来预测工作面危险性,采用较多的指标有瓦斯压力(p)、钻孔瓦斯涌出初速度(q)、钻屑量(S)、瓦斯放散指数(ΔP)和煤体坚固性系数(f),采用的方法包括 R 指标法、煤层钻屑瓦斯解析指标法、钻孔瓦斯涌出初速度法等。之后是综合应力、瓦斯和煤的力学性质三要素的综合指标法,综合考虑在工作面前方各指标的分布状态及其与煤与瓦斯突出的关系,即各类工作面发生突出的临界条件。同时,根据突出预测的过程及其连续性,把日常工作面预测分成动态连续（非接触式）预测和静态非连续(接触式)预测。动态连续预测技术直接反映了含瓦斯煤体的应力状态或者变形状态等指标,从而确定工作面附近煤层的突出危险性。静态非连续预测技术是间接确定含瓦斯煤体的状态量化指标参数,通过提取现场工作面数据来确定工作面突出危险性的方法。

(1) 动态连续(非接触式)预测方法

动态连续预测方法主要包括地球化学法、地震声响谐振法、电物理方法、电磁辐射预测法和电子顺磁谐振光谱法五种类型[15]。这些方法都是依据温度指标、声发射指标和瓦斯涌出特征指标来进行突出危险性预测的。地球化学法是依据突出源和煤体有机物之间的规律性关系来预测突出危险性的方法;地震声响谐振法是依据从巷道底板喷发出的波动征兆来预测突出危险性的方法;电物理方法是依据物理学电参数来预测煤与瓦斯突出危险性的方法;电磁辐射预测法是依据断裂煤层的电磁辐射特性来预测瓦斯突出危险性的方法;电子顺磁谐振光谱法是依据电子顺磁谐振光谱特性预测煤层的突出危险性方法。

(2) 静态非连续(接触式)预测方法

静态非连续接触式预测方法是依据含瓦斯煤体的赋存条件和性质进行指标量化。主要通过考察其中的单个或多个指标是否超过临界值来进行预测,这些指标主要包括瓦斯指标、煤层性质指标、地应力指标或综合指标。目前较多采用的指标有瓦斯压力(p)、钻孔瓦斯涌出初速度(q)、钻屑量(S)、瓦斯放散指数(ΔP)和煤体坚固性系数(f)。

静态非连续接触式预测方法都属于接触式预测方法,其中钻屑指标法钻孔操作简单,但作业时间较长,而且需要一定的工作量,其他指标的具体临界值随着煤矿地质条件因素的不同而各异。这些静态非连续接触式指标均建立在对大量实验数据的分析和统计基础之上,预测的准确率容易受到人为因素、应力不确定因素和煤体分布不均匀因素的极大影响。

1.5.4 基于智能分析技术的突出危险性预测方法

鉴于煤与瓦斯突出现象的致因复杂,传统预测方法无论是采用单一指标抑或是综合指标,都无法对突出过程建立准确的动力系统模型,因此越来越多的专家提出利用数学理论(智能分析技术)进行煤与瓦斯的突出预测。预测煤与瓦斯突出的数学理论方法主要有人工神经网络、非线性理论、模糊数学、分形理论、专家系统、灰色关联分析、流变与突变理论等。

神经网络技术对非线性系统具有较高的分类及预测能力,被广泛应用于突出预测。撒占有等[16]将电磁辐射自适应神经网络模型应用于煤与瓦斯突出危险性预测,实现了煤与瓦斯突出危险性的电磁辐射动态趋势预测。鉴于常规煤与瓦斯突出 BP 预测模型的不足,杨敏等[17]将改进 DE 算法用于 BP 网络模型参数的优化及训练,提出结合两者优点的改进差分进化神经网络煤与瓦斯突出预测模型。朱志洁等[18]将主成分分析(PCA)法与神经网络相结合,对煤与瓦斯突出进行预测。郭德勇等[19]用灰色系统理论的灰色关联法确定了控制矿井煤与瓦斯突出的主控因素,建立了煤与瓦斯突出危险性预测人工神经网络的数学模型和系统结构。

除了神经网络技术,柴艳莉[15]采用智能信息处理技术、针对常规指标对煤与瓦斯突出进行预警预测。张天军[20]利用改进的层次分析法确定影响煤与瓦斯突出各因素的权重;孙鑫等[21]运用模糊层次分析法对突出影响因素进行分析。关维娟[22]则提出多指标综合的煤与瓦斯突出辨识与实时预警方法。

从上述研究现状分析可以看出,智能学习技术已经在煤与瓦斯突出前兆识别及预警中取得了一些较为成功的研究成果,证明了此类技术对于突出预警的适用性。但是,其局限性也较为明显,如传统人工神经网络存在结构复杂、参数调整困难等问题,而专家系统或分形理论由于缺乏完整的突出机理因而存在构建准确预测模型的难题。但是,近年来,人工智能和机器学习理论不断发展,新的研究成果不断涌现。2017 年 3 月 5 日,国务院总理李克强发表 2017 年政府工作报告,"人工智能"首次被写入其中,"人工智能"在中国的政治、经济、学术等领域都将成为重中之重。在此大背景下,探讨新时期机器学习理论及方法在煤与瓦斯突出预警中的应用,寻找解决传统突出预警问题的有效解决方法及手段,开启煤矿安全监测监控领域"人工智能 2.0"时代,对推动数据与计算科学对突出机理的深入分析及预警方法的智能决策,优化和完善现有突出预警方法及预警系统,都具有重要的科学价值和现实意义。

1.6 小结

本章对我国煤与瓦斯突出的概况、突出类型的分类、突出危险性预测的必要性和分类及突出危险性预测方法研究现状进行了概述。由本章的分析可以看出,煤与瓦斯突出是威胁我国煤矿安全生产的重要灾害之一,经过多年的努力,突出事故得到了较为有效的遏制,但目前突出防治任务依然严峻。在突出机理尚未完全揭示的前提下,运用机器学习技术从数据入手挖掘突出事故发生发展的规律,对突出监测数据中的干扰模式及突出前兆模式进行高效识别,既顺应目前人工智能发展的大趋势,又是寻求科学突出预警方法的必经之路,二者的结合具有重要意义。

第 2 章　突出监测数据的建模及分段模式表示

2.1　引言

　　煤与瓦斯突出监测数据是一类特殊的时间序列数据,通常由传感器直接获取,除具有"短期波动频繁、噪音干扰多以及稳定状态差"等特点外,还有"数据按照时间顺序不断到达、数据容量无限大以及数据通常不可重复处理"等完全不同于传统数据库存储的性质,我们将此类数据称为"流数据"(stream data)。直接采用原始时间序列进行相似性查询、时间序列的分类、聚类或其他挖掘工作不但效率低下,而且会影响挖掘结果的准确性和可靠性。因此,许多研究者针对时间序列的模式表示问题进行了研究,其目的是从更高层次上对时间序列进行重新描述,再在重新描述的模式基础上进行数据挖掘。对煤与瓦斯突出监测数据进行数据挖掘,首先对流数据进行有效的数据模式表示,能够降低数据存储以及提高挖掘算法执行的效率,适应资源受限的监测设备(如传感器)对算法时空复杂度的要求。

　　本章首先从突出监测数据的流数据特性分析、流数据特点及时间序列的模式表示方法入手,通过分析已有时间序列模式表示方法在流数据环境下的不适用性和存在的不足,提出了一种突出监测数据的模式表示方法——"基于拟合点的分段线性拟合方法"(Fitting Point based Piecewise Linear Fitting method,FP_PLF),"拟合点"是能够有效表征流数据模式特征的数据点,选取"拟合点"的条件是不依赖于序列长度和领域知识,选取的过程完全根据数据的到来"自适应"地改变选择条件,并且"增量式"的计算过程符合流数据的运算环境。实验选取模拟数据和真实数据,从拟合效果、拟合误差及算法的自适应性方面对 FP_PLF 算法进行了测试,测试结果表明:基于拟合点的分段线性拟合方法,在低时空复杂度的前提下,可以有效描述突出监测数据,且可根据数据压缩率的变化实现自适应拟合。

2.2 突出监测数据的流数据特性分析

目前我国的突出监测监控系统难以形成"实时性高、准确度高、可操作性强"的灾害预警目标的主要原因,除了采集设备自身的条件限制外,最主要的问题是缺乏针对采集数据特点的有效数据建模和数据处理方法,因为这些数据相比较传统业务数据具有以下显著的特点:

(1) 数据连续不断到达,数据的总量是无限的。相对于数据采集设备有限的存储空间而言,源源不断到来的监测数据的数据量是巨大且无界的,存储所有数据的代价极大或根本无法实现,因此要求数据处理算法具有较低的空间复杂度。

(2) 数据到达速度很快。监测数据到达的速度依据于不同传感器的采样间隔而不同,但由于传感器受到自身计算资源的限制,数据采样的速度总是远远超过传感器自身的数据处理速度,因此要求数据处理算法具有较低的时间复杂度。

(3) 数据到达的顺序不受应用系统控制。突出监测数据来自于各种监测设备,监测设备按照固定的采样间隔监听数据,数据处理只能够按照获取的顺序依次进行,因此要求数据处理算法必须采取顺序读取方式,不能按照传统数据库的随机读取方式处理数据,并且由于数据到来具有一定的时序性,不同的处理顺序可能产生不同的处理结果,又加之处理效率的考虑,要求数据处理算法还必须采用增量式处理方式。

(4)数据单遍处理。由于数据不断到来,且采集设备自身的存储空间受限,数据一经处理,除非特意保存,否则不能被再次取出处理。因此,必须要求数据处理算法具备单遍扫描内存的能力。

(5)数据动态变化。由于煤矿井下生产环境的复杂性,各种环境因素都会对数据产生影响,数据到达速率和数据分布随时会发生变化,因此,要求数据处理算法具有自适应数据变化的能力。

(6)数据具有不确定性。采集设备受到井下复杂环境的影响,采集数据并非真实环境变量的数值,而是在真实数值的某个范围内上下波动,且这种波动性即数据的分布可以用确定的概率分布函数来表示,因此,要求数据处理算法必须具备处理具有概率特性数据的能力。

综上,煤与瓦斯突出监测监控系统中,除了传统存储在数据库中的静态数据外,存在着一类具有"动态"特性的数据,这些数据表现出与传统数据库数据截然不同的性质与处理要求,必须采用不同的数据建模方法和处理手段。目前,在数据库技术研究领域,将这种具有特殊性质的"动态"数据称为"流数据",将具有概率特性的流数据称为"概率流数据"。

2.3　流数据挖掘研究现状

2.3.1　相关定义

定义 2-1　数据流模型:1998 年 Henzinger 等人首次将数据流作为一种数据处理模型提出来[23]:令 t 表示任一时间戳,a_t 表示在该时间戳到达的数据,数据流可以表示成 $\{\cdots a_{t-1} a_t a_{t+1} \cdots\}$ 的形式。目前仍未有"数据流"的统一的形式化定义,但普遍认可的数据流模型具有以下四点共性[24]：

(1) 数据实时到达。

(2) 数据到达次序独立，不受应用系统所控制。

(3) 数据规模宏大且不能预知其最大值。

(4) 数据一经处理，除非特意保存，否则不能被再次取出处理，或者再次提取数据代价昂贵。

定义 2-2 概率数据流模型[25]：概率流模型由一个序列的子项构成，每个子项的数值由一个概率分布函数（Probability Distribution Function，PDF）给出。由于内存的限制，所有针对概率流数据的处理算法都必须在数据到来时即刻进行处理，并且不可以随机地对数据进行访问（必须是按照数据到来的顺序进行访问）。一个概率数据流是一个由元组 $\langle \theta_1, \theta_2, \cdots, \theta_n \rangle$ 组成的序列，其中每个元组 θ_i 由一个随机变量 X_i 的概率分布函数定义，X_i 的域值为 $[m] \bigcup \{\perp\}$（其中 $\perp$ 代表该元素在数据流中不存在）。对于 $i \in [n]$，θ_i 都至多可以表示成 l 个数据对 $(j, p_i(j))$，$j \in [m]$；若 θ_i 的值没有在 l 个数据对 $(j, p_i(j))$ 中出现，则 p_i 的概率为 0。因此，若随机变量 X_i 等于 j 的概率为 $p_i(j)$，则 $Pr(X_i = j) = P_i(j)$；所有未在 $j \in [m]$ 中出现的数值，其概率为 $Pr(X_i = \perp) = 1 - \sum_j p_i(j)$。以上模型均假设 X_i 是独立随机变量，其形态如图 2-1 所示。

定义 2-3 概率流数据[26]：对于一个不确定数据流 $\widetilde{S}_u$，在每个点都是不确定的数值，在时间 i 时刻，序列的数值 $\widetilde{S}_u[i] = d_{ui} + e_{ui}$，其中 d_{ui} 是序列 u 在 i 时刻的真实数值，e_{ui} 是此时真实值与估计值之间的误差。由于本书使用概率方法描述流数据的不确定性，因此认为 $\widetilde{S}_u$ 即为概率数据流，$\widetilde{S}_u[i]$ 就是数据流 $\widetilde{S}_u$ 在 i 时刻的概率流数据。

在以上定义的基础上，突出监测数据满足的概率流数据定

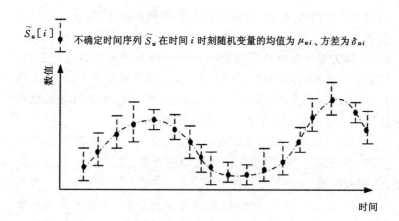

图 2-1　概率数据流模型

义,其来源主要包括:有线监控系统中传感器监测数据、无线传感器网络中的监测数据、RFID 数据等。以概率流数据的形式考虑突出数据的表示符合目前突出监测数据的实时处理要求,有助于提高后续突出前兆危险性识别和突出事故的预测准确率和预测效率。

2.3.2　流数据挖掘方法概述

数据挖掘(data mining)指从大型数据库或数据仓库中提取隐含的、事先未知的、潜在有用的信息或模式,能够对数据进行更深层次的分析,对未来的趋势和行为进行预测。不难看出,传统的数据挖掘技术针对静态、海量数据进行分析,因此,可以随机、重复对数据源进行提取,并且对于挖掘算法的执行效率不受硬件资源的限制。

流数据挖掘,将数据挖掘的对象由静态、海量数据转变为实时变化、源源不断到来的流数据,数据访问方式由随机访问转变为顺序访问,访问次数由多次访问转变为仅可一次访问,算法的执行时间由不受限制转变为必须能够匹配数据到来的速度,算法占用的空间由不受限制转变为处理数据量的次线性 $polylog(n)$ 的关系,最后,算法的结果由精确数值转变为可被用户接受的近似形式。综合以上分析,传统的数据挖掘方法,在流数据环境下,从算法执行方式、性能要求到结果的表示,都有很大不同,因此,传统数据挖掘算法在流数据环境下存在诸多的不适用性。

目前流数据挖掘算法研究包括流数据的聚类、分类、频繁模式发现、趋势预测、k 中值聚类、最近邻居查询、回归分析、相似性检测、模式匹配、传感器数据挖掘等。

(1) 流数据聚类:根据流数据自身的特点,区别于传统的聚类方法,流数据聚类方法主要可以分为两种形式:单遍扫描和进化分析。单遍扫描的流数据聚类算法通常是将整个数据流视为不断到来的数据块,将传统聚类算法运用到每个数据块上,在小空间上获得常数因子的近似结果[27]。单遍扫描算法虽然可以将传统聚类算法直接应用在小数据窗口上,但是因为流数据可能随着时间的变化而变化,而单遍扫描的聚类算法无法满足数据实时变化的需要,因此产生了具有进化特征的数据流聚类算法[28]。较典型的代表是 Aggarwal 等人提出的 CluStream 算法[29],该算法可以实现在界标窗口内对进化数据流进行聚类分析,后续的研究者也大都采用了文中提出的"微簇"的概念并在此基础上进行改良。

(2) 流数据分类:如果数据流中的类分布保持稳定,那么数据流上的分类蜕化为传统的静态数据集上的分类。但在大多数应用中,类分布会随着时间的变化而变化,这种现象称为概念漂移[30]。为避免流数据的变化对类质量的影响,典型的分类算法有决策树分类算法 VFDT[31],CVFDT[32],以及基于增量主成分分析的方法[33]。

(3) 流数据频繁模式发现:流数据的频繁模式发现是为了能

够及时、精确、全面地挖掘数据流上最近的频繁模式信息[34]。数据流上的频繁模式挖掘算法可以分为两大类：基于概率误差区间的近似算法[35]和基于确定误差区间的近似算法[36]。前者利用采样、哈希等随机方法进行频繁模式发现，虽然有不确定的统计误差，但能够以置信度将误差控制在一定范围内，从而获得较好的近似结果。相对于基于概率误差区间的近似算法，基于确定误差区间的近似算法没有采用随机方法，因此可以确定相对误差的上界。

（4）流数据异常检测：异常检测（anomaly detection）是指研究与预期行为不相符合的数据集并发现其模式的相关问题[37]，流数据异常检测强调在流数据环境下，设计适应于流数据环境的异常检测算法。由于异常检测问题与实际应用环境密切相关，因此不同环境产生不同的异常种类，同时产生不同的异常检测方法。从异常数据的类型来分，分为无相互关系数据（点）异常和有相互关系数据（序列数据、时空数据、图数据）异常；从异常种类来分，分为点异常（point anomalies）、上下文异常（contextual anomalies）、集合异常（collective anomalies）；从异常检测的方法来分，分为有监督异常检测（supervised anomaly detection）、半监督异常检测（semi-supervised anomaly detection）和无监督异常检测（unsupervised anomaly detection）；从异常检测算法来分，分为基于分类、基于最近邻、基于聚类、基于统计、基于信息论以及基于上下文的检测算法[37]。在流数据环境下，针对单个数据流的异常检测问题，分为统计函数值突变异常[38]、数据流模式异常[39]、数据流分布异常[40]；针对多个数据流的异常检测问题，又有基于主成分分析方法[41]和基于离散傅立叶变换的方法[42]等。

（5）流数据趋势预测：流数据的趋势预测是指研究数据流的变化趋势，预测其在未来时刻的可能值，能够为数据流的应用提供重要决策支持[43]。目前数据流研究领域中已有的趋势分析理论和方法一般关注相似性、异常或模式差异的预测,所用研究方法大都基于时间序列的预测技术。S. Papadimitriou[41] 提出的 SPRINT 算法通过挖掘多个数据流集合变化趋势的隐藏变量来发现多个数据流数据之间的关系;K.Iwata 等[44] 提出了基于多元回归分析的 EPM 预测模型,该模型可以通过参数来保证数据预测的精度;李国徽等[43] 提出了基于概率模型的数据流预测模型 mStepForecast,该模型将可能无限的流数据映射到有限的流数据状态空间中,同时将数据流的变化趋势模拟成一个连续的状态变迁过程,并将变迁过程信息保存在状态变迁图(State Transition dis-Graph, STG)中,通过研究数据流上状态变迁的概率统计规律实现数据流趋势的预测;陈安龙等[45] 设计了融合数据流能量回归与基于频繁模式的小波分解预测方法,根据其提出的"最近最频繁序列模式"的概念发掘数据流能量的分布模式,并根据线性回归原理对数据流能量预测建立模型、建立理论依据、确定预测误差以及模型的有效性检验;李国徽等[46] 提出了基于基因表达式程序设计方法(Gene Expression Programming, GEP)的数据流预测模型,该模型首先对数据流滑动窗口中的 n 个数值进行采样,求得采样数据的平均值,放入缓冲区,利用缓冲区中的 m 个均值,建立基因表达式函数模型,并运用郭涛算法对模型函数进行迭代优化,最终演化出最优的预测函数。文中只是理论地提出了预测模型及预测方法,并未对实际的效率进行估计和分析。

上述流数据挖掘研究现状的综述,是在数据预处理基础上的操作,由于突出监测数据包括大量的干扰信号,直接采用原始采样数据进行挖掘工作不但效率低下,而且会影响挖掘结果的准确性和可靠性,因此,许多研究者针对时间序列的模式表示问题进行了研究,其目的是从更高层次上对时间序列进行重新描述,再在重新描述的模式基础上进行数据挖掘。

2.4　时间序列模式表示方法研究现状

2.4.1　时间序列模式表示

时间序列的模式表示,其基本思想是从时间序列中提取特征,将时间序列变换到特征空间,采用特征空间的特征模式来表示原始的时间序列[47]。时间序列的模式表示有两个优点:首先,实现了数据的压缩,节省了数据的存储空间;其次,通过保留时间序列的主要特征,实现噪音数据的识别和去除,排除了细节干扰,更能反映时间序列的变化情况,得到更好的数据挖掘精度。

时间序列的模式表示方法主要包括以下几类:

(1)频域表示方法。频域表示方法主要是采用离散傅立叶变换方法或者离散小波变化方法,将时间序列数据从时间域映射到频率域,用频谱[48]来表示原始时间序列。由于大部分的时间序列信号的能量都集中在几个主要的频率上,因此可以将时间序列用较少的几个频率进行近似表示,以达到模式表示的目的。

(2)奇异值分解方法。奇异值分解(Singular Value Decomposition,SVD)是线性代数中一种重要的矩阵分解方法,在信号处理、统计学等领域有重要应用。奇异值分解在某些方面与对称矩阵或 Hermite 矩阵基于特征向量的对角化类似。然而这两种矩阵分解尽管有其相关性,但还是有明显的不同。对称阵特征向量分解的基础是谱分析,而奇异值分解则是谱分析理论在任意矩阵上的推广。SVD 方法对整个时间序列数据库进行整体表示,并进行特征提取和变换[49]。作为线性变换,SVD 方法在数据重构上误差最小,但时间复杂度很高,当插入或者删除一条时间序列时,整个时间序列数据库的 SVD 表示都要重新计算,代价很高。

(3)符号化表示方法。时间序列的符号化表示[50]是通过一些离散化方法将时间序列中的实数值或者一段时间内的时间序列波形映射到有限的符号表上,将时间序列表示成有限符号的有序集合,即字符串。运用符号化表示方法可以非常方便地运用字符串研究领域的相关成果,如字符串查找、字符串索引等技术来解决时间序列在模式表示后的相似性计算和相似性查找等问题,这是其他技术不具备的一个典型优势,但符号化表示方法往往存在约简粒度过大,精确度不高的问题。

（4）分段线性拟合方法。时间序列的分段线性拟合（Piecewise Linear Fitting,PLF）方法是指采用首尾相邻的一系列线段来近似表示时间序列。连接线段的点通常是描述时间序列变化趋势和变化特征的点,比如极值点、重要点[51]、关键点[52]、特征点等[47]。分段线性拟合表示方法简单直观,而且具有时间多解析的特点,得到众多研究者的重视。

2.4.2　分段线性拟合表示方法

时间序列的分段线性拟合方法是指用 K 条首尾相邻的线段来近似表示一条长度为 L 的时间序列。在时间序列的 PLF 方法中,线段的数目决定了对原始序列的近似程度,线段越多,越能反映时间序列短期波动的情况;线段越少,则越能反映时间序列长期的趋势。数据压缩率是时间序列模式表示方法一个较为重要的性能参数,表示删除的数据点占整个时间序列的比例,但数据压缩率并不是衡量一个模式表示方法优劣的唯一标准,即并非压缩率越高,模式表示效果越好。一个好的模式表示方法,必须能够在有效识别噪音数据的同时,尽量保留序列的变化特征,在准确描述序列数据特点的前提下,实现高的数据压缩率。

本节对三种主要的时间序列分段线性拟合算法（IPSegment-ation[53],FPSegmentation[54] 和 KPSegmentation[55]）进行比较分析,说明现有 PLF 算法在数据流环境下对流数据模式表示存在的问题和不足。

（1）极值点拟合法（IPSegmentation）。该算法利用序列数据的单调变化属性识别极值点,通过依次连接极值点实现序列的分段线性拟合。这种拟合算法尽管简单,运算效率高,较好地保留了原始时间序列的变化模式,但不能有效地去除噪音,过多地保留了细节变化,降低了压缩率。

(2) 特征点拟合法(FPSegmentation)。该方法可以看作是极值点拟合法 IPSegmentation 的改进算法。其实现思路为:选择原始序列中对序列形态影响最大的点作为特征点(feature point),通过依次连接这些特征点实现序列的线段化。特征点需要同时满足以下条件:① 该数据点必须是序列的极值点;② 该极值点保持极值的时间段(即该点与前后极值点的时间段)与该序列长度的比值必须大于某个阈值 C。FPSegmentation 的优点是:通过阈值 C 对转折点变化幅度的控制,可以较好地过滤变化短暂的噪音数据;缺点是:由于限定了极值点的变化幅度,对于变化时长小于 C 的转折点则无法有效识别。图 2-2、图 2-3、图 2-4 选取 S&P500 股票指数序列数据说明此问题。其中,横坐标表示点的序号、纵坐标表示 S&P500 指数。图 2-2 中,选取 X16 和 X32 之间的点,因为保持极值的时间段与序列长度 L 的比值小于 0.04,则这些数据被认为是噪音数据而删除;但同时,对于短暂变化的尖峰数据,则有可能被认为是噪音数据而被忽略。比较图 2-2 和图 2-3,X60 点保持极值的时间段($t=3$)与 $L(L=100)$ 的比值 ,在 $C=0.03$ 时为一有效特征点,但在 $C=0.04$ 时该点被认为是噪点数据被忽略。从分析中可知,阈值 C 是特征点判断的影响因子,其取值和领域知识、序列长度以及用户关注度有关,因此不同的 C 值会得到不同的拟合结果,直接影响拟合的质量;同时,当时间序列的长度 L 为无穷大时,C 为无穷小,则 FPSegmentation 算法不再适用,因此它无法直接应用于流数据环境

(3) 关键点拟合法(KPSegmentation)。该算法提出:包含极值点 X_i 的三个数据点构成的最小序列模式$\langle X_{i-1}, X_i, X_{i+1}\rangle$中,如果三点连线形成的夹角越小,则中间点 X_i 成为关键点(key point)的

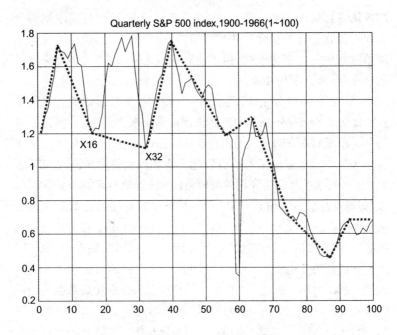

图 2-2　FPSegmentation 算法($C=0.04$)

可能性越大。为了便于进行在线运算，提出了基于三角形中线距离的关键转折点选择算法（Important Key Point，IKP 算法），将计算三点夹角转换为计算距离 $\left| x_i - \dfrac{x_{i+1}-x_{i-1}}{2} \right|$，若 $\left| x_i - \dfrac{x_{i+1}-x_{i-1}}{2} \right| >$ ε，X_i 为关键点（其中 $\varepsilon>0$，为自定义单调序列中线距离阀值）。KP-Segmentation 算法采用 FPSegmentation 算法和 IKP 算法保存数据序列中的特征点与突变序列中的关键点，利用特征点保持时间段阈值 C 过滤数据序列中的噪音干扰，利用关键点发现短暂变化的尖峰数据，其划分效果如图 2-4 所示。为方便计算，取 $\langle X_{i-1},X_i,X_{i+1} \rangle$ 的筛选夹角为 $45°$，$C=0.03$。KPSegmentation 算法在 ε 取得适当时，可以部分地发现时间序列中的关键点，如图 2-4 中在 X11 和 X68

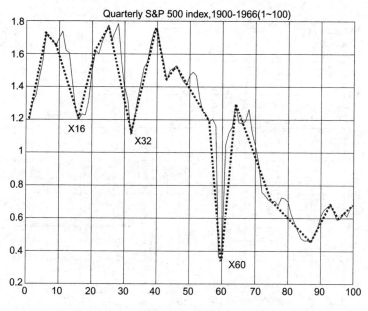

图 2-3　FPSegmentation 算法($C=0.03$)

保持极值的时间段与 L 的比值为 0.02，在图 2-3 中不是关键点，但运用 KPSegmentation 算法，其包含极值点的夹角小于筛选角度，因此成为关键点。

KPSegmentation 算法存在的问题：因为该算法在判断关键点时，基于 FPSegmentation 的距离阀值 C 过滤噪音数据，也不可避免地遗传了 FPSegmentation 算法的所有缺点，且 $\left| x_i - \dfrac{x_{i+1}-x_{i-1}}{2} \right|$ 的计算受到坐标轴取值的影响，不同的取值方法 $\left| x_i - \dfrac{x_{i+1}-x_{i-1}}{2} \right|$ 的结果差距很大，因而 ε 的取值会过度依赖领域知识。

综上所述，已有的 PLF 算法在流数据环境下的不适用性主要体现在以下三个方面：

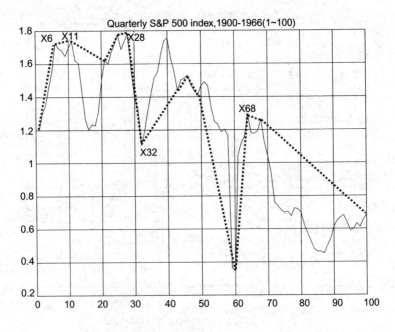

图 2-4 KPSegmentation 算法($C=0.03, \alpha_0=45°$)

(1)点的选择阀值依赖于相关的领域知识,同一个时间序列设置的阈值不同会得到截然不同的模式表示结果,因此算法不具有普遍的适用性。

(2)点的选择阀值依赖于时间序列长度 L,在流数据环境下,序列的长度 L 为无穷大,此时,FPSegmentation 算法和 KPSegmentation 算法中的阈值 C 都无法直接求出,因此传统的 PLF 算法就不再适用。

(3)算法操作方式为基于数据库的块操作方式,即算法执行时基于内存中的所有数据,不满足流数据环境下"增量式"的处理过程,不能够适应数据的变化。

从三种分段拟合表示方法的表示效果看,尽管 IPSegmentaion

算法的序列拟合效果较好,但无法有效过滤噪音和细节干扰,压缩率较低;FPSegmentaion 算法在较高压缩率的情况下仍能较好地过滤噪音,保持原数据序列的形态,但该算法无法及时发现突变状态和尖峰状态;KPSegmentation 算法则在较高压缩率的情况下过滤了细节干扰,能较好地线性拟合原始序列,但该算法过分依赖两个经验阀值,缺乏普遍的适用性,同时,传统的针对时间序列的 PLF 模式表示算法在流数据环境下亦都不能适用。针对以上问题,本章提出了一种基于拟合点的分段线性拟合方法,该方法通过对"拟合点"的定义,对传统的 PLF 算法进行改进,使之更适合于在流数据环境下进行数据的模式表示。

2.5　基于拟合点的分段线性拟合方法

为解决传统 PLF 算法在流数据环境下的不适用问题,本书提出了一种概率流数据环境下的序列数据模式表示方法——基于拟合点的分段线性拟合方法,该方法采用传统的时间序列分段线性拟合算法的思想,对选取连接分段端点的方法进行改造,将满足筛选条件的点称为"拟合点"(Fitting Point, FP),将拟合点两两相连,即构成了序列的分段模式表示。针对拟合点的求解,本书提出的方法(FP_PLF 算法)从以下三方面改善了传统 PLF 算法对于流数据环境的不适用问题:

(1) 改善了传统算法对于时间序列长度 L 的依赖问题:FP_PLF 算法根据序列数据中已有拟合点保持极值时间段的统计特性,得到一个区间范围,若某个极值点保持极值的时间段在此区间范围内,则该极值点为拟合点,这是判断某点为拟合点的最基本条件。随着时间的推移,拟合点保持极值时间段的统计规律趋于稳定,FP_PLF 算法可以获得与传统算法中阈值 C 对极值点的相同筛选效果;同时,极值点保持极值时间段的区间范围确定不依赖于序列数据的数值本身,因此适合数值本身不精确的概率表示形式。

(2) 改善了传统算法对极值点的识别过于依赖领域知识的问题:当某个极值点表现出特殊的变化形态,即该点保持极值的时间段不在正常的区间范围内时,则 FP_PLF 算法根据连续三个时间数据之间的夹角与初始筛选角度之间的关系判断该极值点是否被保留,即为拟合点,而初始筛选角度可以根据数据已有的压缩率进行在线调整,因而 FP_PLF 算法对于拟合点的识别可以完全自适应地进行,不依赖任何领域知识。

(3) 改善了传统算法无法适应流数据环境变化的问题:传统 PLF 算法基于块操作方式,不能在流数据环境下直接操作,FP_PLF 算法采用流数据环境下的滑动窗口模型,参数采用增量方式计算,仅根据新进点的状态对选择条件进行更新,既实现了算法的在线运算,又降低了算法的时空复杂度,适合于突出监测监控系统中数据采集设备的受限条件。

本节给出拟合点(fitting point)的定义,提出基于概率统计方法的拟合点判定定理,结合判定定理给出了拟合点的基本判定算法 FP_PLF1,同时针对突出瓦斯浓度监测数据,对基本算法进行了改进(FP_PLF2),使拟合点的选取更能够体现瓦斯浓度监测数据的变化特征,最后对该算法的时空复杂度进行了分析。实验结果表明:基于拟合点的流数据模式表示方法,在低时空复杂度的前提下,可以有效描述突出数据,且可根据数据压缩率的变化实现自适应拟合。

2.5.1 拟合点的定义

为方便下文的叙述,首先给出文中的符号说明:

(1) $T = \langle (x_1, t_1), \cdots, (x_i, t_i), \cdots \rangle (0 < i < \infty)$:采样时间间隔相同的数据序列,其中 i 表示数据产生的相对顺序,即时间戳;(x_i, t_i) 表示采样时间 t_i 时刻的数值为 x_i。

(2) $X = \langle X_1(t_1, x_1), \cdots, X_i(t_i, x_i), \cdots \rangle (0 < i < \infty)$:将 T

经过归一化处理后用直角坐标系表示的时间序列,横坐标为时间轴,纵坐标为数值轴。

（3）$|X_i - X_j|$:表示时间序列中 $X_i(t_i, x_i)$ 和 $X_j(t_j, x_j)$ 在坐标平面内的欧氏距离。

（4）EP(Extreme Point):极值点,T 的单调性发生改变的点。

（5）FP(Fitting Point):拟合点,满足筛选条件的极值点。

（6）$FPS = \langle FP_1, \cdots, FP_n \rangle$:拟合点集。

（7）α_0:初始筛选角度。

由前文介绍的 FPSegmentation 算法中的"特征点"和 KPSegmentation 算法中的"关键点"可知,保留下来的点必须满足如下三个条件:

条件 1:该点是极值点。

条件 2:X_i 保持极值的时间段与该序列长度 L 的比值必须大于某个阈值 C。

条件 3:若条件 1 满足,条件 2 不满足,则包含 X_i 的最小序列模式。

$\langle X_{i-1}, X_i, X_{i+1} \rangle$ 中三点连线形成的夹角小于筛选角度 α_0。

在流数据环境下,序列中选择保留的点也必须满足以上三个条件,但序列长度为无穷大,因此得到流数据条件下拟合点的定义:

定义 2-3　在长度无穷大的时间序列中,满足条件 2、3 的极值点称为拟合点(Fitting Point,FP)。

由定义 2-3 可知,拟合点是在序列长度无穷大的条件下提出的特殊关键点,拟合点的计算并不局限于流数据环境,在对算法没有时空复杂度要求的普通时间序列环境下,如网络流量监测数据、股票行情监测数据同样可以采用拟合点选取的办法进行数据模式表示。

2.5.2　拟合点判定定理

为了判断极值点是否满足条件 2、3,得到如下三个定理:

定理 2-1 设时间序列 X，令 Δt_i 表示 X_i 点保持极值的时间段，$FPS = \langle FP_1, \cdots, FP_n \rangle$ 表示已经存在的拟合点集合，n 为 FPS 集合中元素的个数，则 Δt_i 应满足正态分布 $N[\mu, \sigma^2]$，其中 $\mu = \dfrac{1}{n} \sum\limits_{j=1}^{n} \Delta t_j$，$\sigma = \sqrt{\dfrac{1}{n-1} \sum\limits_{j=1}^{n} (\Delta t_j - \mu)^2}$。

证明：时间序列本身是一个随机过程，同一时间序列中各个时刻的取值都是独立同分布的随机变量，由中心极限定理，任意随机事件在样本数趋于无穷时，随机变量均服从正态分布。极值点出现的时刻是一个随机事件，若用 Δt_j 表示两个极值点之间的时间段，则 Δt_j 是一个独立随机变量，因此 Δt_j 在序列长度趋于无穷时满足正态分布，由中心极限定理可得上式，证毕。

推论 2-1 设时间序列的数据压缩率为 p，由定理 2-1 可得 p 的度量公式：

$$2\Phi(x) - 1 \leqslant 1 - p \tag{2-1}$$

证明：若时间序列的数据压缩率为 p，则被保留的极值点占时间序列数据总和的比例应 $\leqslant 1-p$，即拟合点的存在概率也应 $\leqslant 1-p$。

同时，由定理 2-1 可知，某个数据点被保留，则其保持极值的时间段 Δt_j 满足 $N[\mu, \sigma^2]$ 的正态分布，即被保留的极值点的 Δt_j 以 μ 为中心对称分布，越靠近 μ，存在的概率越大，反之概率越小；因此，被保留的极值点的 Δt_j 应分布在 $[\mu - x\sigma, \mu + x\sigma]$ 的范围内（x 代表偏离 μ 的程度），概率 $\leqslant 1-p$，令 Y 表示极值点保持的时间段这一随机变量，则有：

$$P\{\mu - x\sigma < Y < \mu + x\sigma\} \leqslant 1 - p \tag{2-2}$$

由中心极限定理

$$\frac{Y - \mu}{\sigma} \sim N(0,1)$$

则对公式（2-2）变换后可得

$$P\left\{\frac{(\mu - x\sigma) - \mu}{\sigma} < \frac{Y - \mu}{\sigma} < \frac{(\mu + x\sigma) - \mu}{\sigma}\right\} \leqslant 1 - p$$

$$\text{(2-3)}$$

即 $2\Phi(x) - 1 \leqslant 1 - p$ 得证。

例如,要得到大于 80% 的数据压缩率,则由公式(2-1)得:

$$2\Phi(x) - 1 \leqslant 0.2$$
$$2\Phi(x) \leqslant 1.2$$
$$\Phi(x) \leqslant 0.6$$

查表得 $x = 0.25$,得到 x 的值后,由已有拟合点集 FPS 求出 μ 和 σ,即可求得极值点保持时间的区间范围 $[\mu - x\sigma, \mu + x\sigma]$。由推论 2-1 可知,在压缩率 p 确定的情况下,由公式(2-3)可以直接得出计算选择拟合点区间范围的方法。

定理 2-2　若 X_i 不满足定理 2-1,则 $\dfrac{2|x_i - x_{i+1}|}{|x_i - x_{i+1}|^2 - 1} \leqslant \tan \alpha_0$($\alpha_0$ 为筛选角度,设 $|x_{i+1} - x_i| \geqslant |x_i - x_{i-1}|$),是 X_i 为拟合点的充分条件。

证明:在图 2-5 所示的角度变化中,由于时间序列 $\langle X_{i-1}, X_i, X_{i+1} \rangle$ 是等间隔的数据点,因此 $\langle X_{i-1}, X_i, X_{i+1} \rangle$ 三点的取值只能在与时间轴垂直的三条直线 L_1, L_2, L_3 上(图 2-5 中的三条虚线所示),若 X_i 点固定,比较 $|x_i - x_{i-1}|$ 和 $|x_{i+1} - x_i|$ 的大小,取其中较大者(设较大者的端点为 X_{i-1});通过 X_{i+1} 画一条水平线,与直线 L_1 交于点 $P_{i-1}(t_{i-1}, x_{i+1})$,则一定存在 $\angle X_{i-1} X_i X_{i+1} > \angle P_{i-1} X_i X_{i+1}$(证略)。因此,只需对 $\angle P_{i-1} X_i X_{i+1}$ 进行考察,若 $\angle P_{i-1} X_i X_{i+1} > \alpha_0$,则 X_i 点一定不是拟合点。

令 $\angle P_{i-1} X_i X_{i+1} = 2\theta$,因为 $\tan \theta = \dfrac{1}{|x_i - x_{i+1}|}$($|x_i - x_{i+1}|$ 为两点纵坐标的差值),且 $\tan 2\theta = 1 - \dfrac{2\tan \theta}{1 - \tan^2 \theta}$,因此当定理 2-1

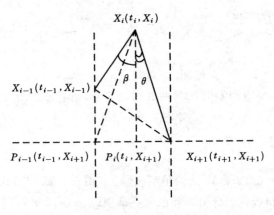

图 2-5 序列 $\langle X_{i-1}, X_i, X_{i+1}\rangle$ 之间的夹角关系

不满足时, X_i 为拟合点必满足 $\dfrac{2|x_i-x_{i+1}|}{|x_i-x_{i+1}|^2-1}\leqslant\tan\alpha_0$, 反之不成立, 充分性得证。

定理 2-3 若 X_i 不满足定理 2-1, $\dfrac{2|x_i-x_{i+1}|}{|x_i-x_{i+1}|^2-1}\leqslant\tan\alpha_0$

且 $\dfrac{1}{|x_i-x_{i-1}|}\leqslant\dfrac{|x_{i+1}-x_i|\tan\alpha_0-1}{|x_{i+1}-x_i|+\tan\alpha_0}$ 是 X_i 为拟合点的充要条件。

证明: 如图 2-5 所示, 当 $\theta<\alpha_0/2$, 即 $\dfrac{2|x_i-x_{i+1}|}{|x_i-x_{i+1}|^2-1}\leqslant\tan\alpha_0$

时, 为使 $\angle X_{i-1}X_iX_{i+1}<\alpha_0$, 即 $\angle X_{i-1}X_iX_{i+1}-\theta<\alpha_0-\theta$, 令 $\beta=\angle X_{i-1}X_iX_{i+1}-\theta$

因为 $\tan\beta=\dfrac{1}{|x_i-x_{i-1}|}$

$$\tan(\alpha_0-\theta)=\dfrac{\tan\alpha_0-\tan\theta}{1+\tan\alpha_0\tan\theta}$$

$$\frac{1}{|x_i-x_{i-1}|}\leq\frac{\tan\alpha_0-\tan\theta}{1+\tan\alpha_0\tan\theta}=\frac{\tan\alpha_0-\dfrac{1}{|x_{i+1}-x_i|}}{1+\tan\alpha_0\dfrac{1}{|x_{i+1}-x_i|}}$$

$$=\frac{|x_{i+1}-x_i|\tan\alpha_0-1}{|x_{i+1}-x_i|+\tan\alpha_0} \qquad (2\text{-}4)$$

证毕。

2.5.3　拟合点集的基本求解算法 FP_PLF1

算法 1　FP_PLF1

输入：时间序列 $T=\langle(x_1,t_1),\cdots,(x_i,t_i),\cdots\rangle(0<i<\infty)$，筛选夹角 α_0，预设数据压缩率 p。

输出：拟合点集合 $FPS=\langle FP_1,\cdots,FP_n\rangle$。

step 1：根据推论 2-1，由 p 计算系数 x。

step 2：初始化，$\mu=\sigma=0$，T 归一化处理后得到序列 $X=\langle X_1(t_1,x_1),\cdots,X_i(t_i,x_i),\cdots\rangle(0<i<\infty)$，$FP_1=X_1(t_1,x_1)$。

step 3：从 X_1 开始判断时间序列的单调性，获得包含三个极值点 $X_{i-p}(t_{i-p},x_{i-p})X_i(t_i,x_i)X_{i+q}(t_{i+q},x_{i+q})$ 的局部时间序列 $X=\langle X_{i-p},\cdots,X_{i-1},X_i,\cdots,X_{i+q}\rangle$，待考察的极值点为 X_i，包含该点的最短时间序列为 $\langle X_{i-1},X_i,X_{i+1}\rangle$。

step 4：计算点 X_i 保持极值的时间段 Δt_i，若 $\Delta t_i\in[\mu-\chi\sigma,\mu+\chi\sigma]$，则 X_i 是拟合点，将 X_i 点并入集合 FPS，返回 step 3 对下一个极值点进行判断，否则继续。

step 5：计算 $\max(|x_i-x_{i-1}|,|x_{i+1}-x_i|)$，设返回 $|x_{i+1}-x_i|$。

step 6：若 $\dfrac{2|x_{i+1}-x_i|}{|x_{i+1}-x_i|^2-1}\leq\tan\alpha_0$，则 X_i 一定不是拟合点，返回 step 3，对下一个极值点进行判断，否则继续。

step 7：若 $\dfrac{1}{|x_i-x_{i-1}|}>\dfrac{|x_{i+1}-x_i|\tan\alpha_0-1}{|x_{i+1}-x_i|+\tan\alpha_0}$，则 X_i 一定不是拟合点，返回 step3，对下一个极值点进行判断，否则继续。

step 8：将 X_i 点并入集合 FPS，更新区间 $\Delta t_i\in[\mu-\chi\sigma,\mu+\chi\sigma]$；返回 step 3，对下一个极值点进行判断。

2.5.4 针对瓦斯浓度监测数据的改进算法 FP_PLF2

2.5.3 节中介绍的拟合点求解算法,都是针对极值点进行条件筛选,考察极值点维持极值的时间段区间和包含极值点的最小序列夹角两个方面,突出瓦斯浓度监测数据如图 2-6 所示。与其他时间序列数据明显的不同点在于,数据中会经常出现若干相等的数值构成的"平滑"数据,这种平滑的数据段开始和结束的数据点都不是"极值点",因此,不管平滑段中包含多少相等的数据,都会因为不满足"拟合点"的条件而被压缩掉,但这种模式表示方法显然不能很好地描述原始数据的变化形态,因此,特别地针对煤矿安全监测监控系统中的瓦斯浓度监测数据,本书对 2.5.1 节中拟合点的定义进行了扩充,对"平滑段"的形态进行归纳,并在此基础上给出了针对平滑段数据的拟合点选取方法。

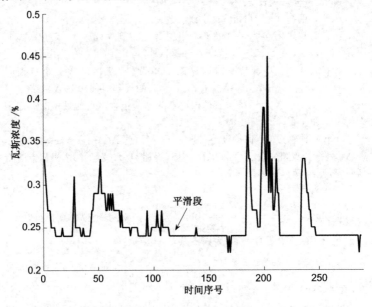

图 2-6 瓦斯浓度监测数据

对瓦斯浓度监测数据进行分析,不难发现平滑段的形态可以总结为如图 2-7 所示的四种形态,其中 X_1,X_2 是若干个相等数据的起点和终点:

类型 1:$A \geqslant X_1$,$B \geqslant X_2$,$X_1 = X_2$;

类型 2:$A \geqslant X_1$,$B \leqslant X_2$,$X_1 = X_2$;

类型 3:$A \leqslant X_1$,$B \leqslant X_2$,$X_1 = X_2$;

类型 4:$B \leqslant X_1$,$A \geqslant X_2$,$X_1 = X_2$。

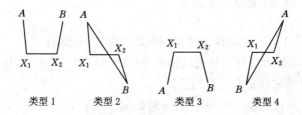

图 2-7　平滑段的四种形态

针对这四种形态,采取两种不同的拟合点选择方式:

(1)类型 1 和类型 3,选取的拟合点为:A,X_1,X_2,B。

(2)类型 2 和类型 4,计算平滑段 $X_1 X_2$ 中包含的相等数值的点的个数 χ,若 $\chi \geqslant n$(n 为预设参数),则选取拟合点为 A,X_1,X_2,B;否则,选取拟合点为 A,B。

因此,得到针对瓦斯浓度监测数据的改进算法 FP_PLF2。

算法 2　FP_PLF2

输入:瓦斯浓度监测数据 $T = \langle (x_1, t_1), \cdots, (x_i, t_i), \cdots \rangle (0 < i < \infty)$,筛选夹角 α_0,预设数据压缩率 p,预设连续相等数值个数阈值 n。

输出:拟合点集合 $FPS = \langle FP_1, \cdots, FP_n \rangle$。

Step 1:执行算法 FP_PLF1 的 step 1 和 step 2,得到归一化处理后的序列数据 $X = \langle X_1(t_1, x_1), \cdots, X_i(t_i, x_i), \cdots \rangle (0 < i < \infty)$。

Step 2：从 X_1 开始判断时间序列的单调性，若 X_i 是极值点，则进入算法 FP_PLF1，执行 step 3～8；否则，若 $X_i = X_{i+1}$，则继续判断类型，得到拟合点集；转到 Step 1 继续判断下一个点。

2.6　复杂度分析

FP_PLF1 主要操作过程涉及的存储空间包括：

（1）拟合点保持极值时间段 Δt_i 的均值 μ 与方差 σ，且 μ 与 σ 都可以采用增量方式进行计算。

（2）包含 X_i 的最小序列的数值，$X_{i-1}(t_{i-1}, x_{i-1})$，$X_i(t_i, x_i)$，$X_{i+1}(t_{i+1}, x_{i+1})$ 用于计算夹角与 α_0 的关系。

（3）X_i 前面一个极值点的数值 $X_{i-p}(t_{i-p}, x_{i-p})$，用于计算 X_i 维持极值的时间段 Δt_i。

FP_PLF2 除了上述存储内容外，还增加了一个用于存放平滑段相等元素个数的数值 χ。

综合以上分析可以看出，基于拟合点的流数据模式表示方法均是针对当前数据产生的存储空间和计算时间，因此算法的时间复杂度为 $O(1)$，存储空间恒定不变，且存储量较小，空间复杂度可忽略不计。

2.7　实验及结果分析

本书共采用了 8 个时间序列数据作为数据源模拟概率流数据的输入，并设置不同的采样间隔以达到流数据动态到达处理器的效果，8 个时间序列数据集中包括 6 个实际数据和 2 个模拟数据，其中 andrews16,bond2,ironsu,co2,gas,anderson5 等 6 个数据集来自于 Hyndman R. J.(n.d.)的 Time Series Data Library,moni 数据集是对已有数据集的改造,而 wasi 数据集则是某矿一天的突出监测瓦斯浓度数据,各数据集的详细定义如下。

(1) andrews16:Broadbalk field 地区 1852～1925 年间粮食年产量,Andrews & Herzberg (1985)。

(2) bond2:澳大利亚银行债券收益月利率,1969 年 1 月～1994 年 9 月。

(3) ironsu:爆破炉 39 天的观测读数,Hipel and Mcleod(1994)。

(4) co2:煤气炉二氧化碳气体百分比,Box and Jenkins(1976)。

(5) moni:模拟噪声数据,采用了文献[56]中 Ma 等人在用于检测新颖事件的时间序列仿真数据集,并按照本书需要,重新生成了一个含 10 组异常的数据集,其中,

$$X(t) = \sin\left(\frac{40\pi}{N}t\right) + n(t) + e_1(t) + \cdots + e_{10}(t)$$

$t=1,2,\cdots,N,N=1\,200$。$n(t)$ 是一加性高斯噪声,均值为 0,标准差为 0.1。$e_1(t)$ 是异常事件,定义如下:

$$e_1(t) = \begin{cases} n_1(t) & t \in [200,220] \\ 0 & \text{otherwise} \end{cases} \quad n_1(t) \text{ 符合正态分布 } N(0,1.8)$$

$$e_2(t) = \begin{cases} n_2(t) & t \in [300,320] \\ 0 & \text{otherwise} \end{cases} \quad n_1(t) \text{ 符合正态分布 } N(0,0.8)$$

其他 $e_i(t)$ 的定义方法类似,生成的位置分别是[400,420],[500,520],[600,620],[700,720],[800,820],[900,920],[1 000,1 020],[1 100,1 120]。

(6) gas:澳大利亚 1956 年 1 月～1995 年 8 月每月天然气产量,ABS(1989)。

(7) anderson5:模拟数据 $Z(T) = 0.9Z(T-1) + A(T) \sim IN(0,1)$.O. D. Anderson (1976)。

（8）wasi：某矿突出监测瓦斯浓度数据，采样间隔 5 min，数据文件长度 288，共 24 h（1 d）的监测数据。

2.7.1 相同条件下的拟合误差分析

本实验主要说明在相同参数条件下，对比 FPSegmentation 算法、KPSegmentation 算法及本章提出的 FP_PLF 算法的压缩率及模式表示效果，用拟合误差度量不同算法的模式表示效果，对 8 组测试数据进行模式表示，设原始数据集为：$\{(x_0, y_0), (x_1, y_1), \cdots, (x_m, y_m)\}$，运用三种模式表示方法得到结果集为 $\{(x_0^S, y_0^S), (x_1^S, y_1^S), \cdots, (x_n^S, y_n^S)\}$，根据结果集进行线性插值，本书选取三阶样条插值得到结果集 $\{(x_0^c, y_0^c), (x_1^c, y_1^c), \cdots, (x_m^c, y_m^c)\}$，则拟合误差为：

$$E = \sqrt{\sum_{i=1}^{m} (y_i - y_i^c)^2} \tag{2-5}$$

对实验参数的取值方法，说明如下，实验结果见表 2-1。

表 2-1　　　　　　拟合误差对比

参数 \ 数据集	FPSegmentation		KPSegmentation		FP_PLF	
	压缩率	拟合误差	压缩率	拟合误差	压缩率	拟合误差
Andrews16	0.73	2.23	0.45	1.21	0.41	0.71
bond2	0.87	14.5	0.95	84.98	0.82	21.96
ironsu	0.89	0.36	0.93	0.79	0.76	0.16
co2	0.92	218	0.93	195.17	0.97	125.66
moni	0.91	9.71	/	/	0.75	9.70
gas	0.83	11 950	0.91	508 415	0.87	21 340
anderson5	/	/	/	/	0.55	4.67
wasi	0.95	3.27	0.98	3.18	0.86	0.62

（1）采样间隔和流数据窗口宽度固定不变。

（2）对于 FPSegmentation 算法，主要参数是保持极值的时间段与序列总长度比值 ，而在 FP_PLF 算法中，无需预先设定 C 的数值，因此为了获取可比性，根据 FP_PLF 算法计算得到拟合点保持极值的时间段区间 $[\mu - \chi_\sigma, \mu + \chi_\sigma]$，取 μ 作为 FPSegmentation 算法的 C 值。

（3）对于 KPSegmentation 算法，主要参数有两个，一个是保持极值的时间段与序列长度比值 C，另一个是初始筛选角度 α_0。C 的取值与（1）方法相同，α_0 的取值与 FP_PLF 算法相同。

（4）对于 FP_PLF 算法，参数只有筛选角度 α_0。

对表 2-1 中的内容有两点说明：

（1）由于未对数据进行归一化处理，因此拟合误差受到数据自身单位的影响差别较大，只针对同一个数据集（同一行）分析压缩率及拟合误差的变化才有意义。

（2）"/"代表对应算法的拟合误差远远大于同一行上的其他算法，说明模式表示的效果很差，此时再考虑数据压缩率的意义不大，因此两个参数的数值都取"/"。

从表 2-1 可以得到以下两个结论：

结论 1：参数相同的情况下，KPSegmentation 算法一般拥有最高的数据压缩率，但拟合误差也最高；FPSegmentation 算法的数据压缩率和拟合误差都低于 KPSegmentation 算法，但多数情况下高于 FP_PLF 算法；FP_PLF 算法的数据压缩率通常最低，但拟合误差基本是三种算法中最小的，说明 FP_PLF 算法虽然牺牲了部分的压缩比率，但取得了较好的拟合效果，拟合效果是模式表示方法性能优劣的最重要指标，而压缩率降低造成数据量增加，由于 FP_PLF 算法的复杂度很低，因此基本不会造成计算时间的增加。

结论 2：FPSegmentation 算法与 KPSegmentation 算法是参数敏感的，如果选取的 C 值和 α_0 恰巧适合数据变化规律，则会取得较好的效果,若参数与数据规律不符合,则有可能得到很差的拟合效果,如 anderson5 数据,由 FP_PLF 算法获得的区间为[1,3],得到 C 值为 2,而从 anderson5 数据的变化形态上看,只取 $C=2$ 的点会造成有效数据的大量丢失,因此 FPSegmentation 算法与 KPSegmentation 算法的拟合误差都很大。比较而言,FP_PLF 算法在任何情况下都能自适应地对数据模式进行表示,且表示效果较好。

2.7.2 对同一数据不同压缩率的拟合误差分析

选取 bond2 和瓦斯浓度 wasi 两组数据,每组数据用三组算法产生不同的数据压缩率,计算拟合误差。

(1) bond2 数据拟合误差分析

bond2 数据的特点是:数据的变化分为两个阶段,$x_i=150$ 之前,数据的角度较大,C 值较大;$x_i=150$ 之后,数据 C 值减小,角度减小,频繁出现"短暂的尖峰"数据。由于同时体现了 C 值和角度的不同变化趋势,因此 bond2 数据对检测三种算法的拟合效果具有较大的优势。

结论 1:由图 2-8 可知,压缩率小于 0.9 时,KPSegmentation 算法与 FPSegmentation 算法的拟合误差接近,但都小于 FP_PLF 算法,说明压缩率相同且较低时,FP_PLF 算法的拟合效果不及其他两种算法,原因在于:若使用相同的筛选条件,FP_PLF 算法的压缩率会低于其他算法,因此,如果要获得与其他两组算法相同的压缩率,则 FP_PLF 算法的筛选角度要尽可能大,使大多数点都满足角度要求,相当于只有 C 值区间进行拟合点的选取时,FP_PLF 算法在初始阶段会有一个学习的过程,丢失的点较多,因此拟合误差较其他两组算法都大。KPSegmentation 算法和 FPSegmentation 算法拟合效果近似,差别在于 KPSegmentation 算法是在 FPSegmentation 算法基础上再加上角度约束的结果,因此,为获得相似的压缩率,KPSegmentation 算法必须降低 C 值的大小,从而平衡角度约束的影响。

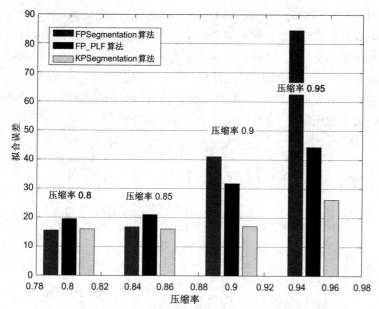

图 2-8　bond2 数据不同压缩率的拟合误差对比

结论 2：当压缩率大于 0.9 时，KPSegmentation 算法的拟合误差最低，FP_PLF 算法次之，FPSegmentation 算法最差，原因在于：压缩率增大，FPSegmentation 算法只能通过增加 C 值提高数据压缩率，因此在 $x_i = 150$ 之后的大量 C 值较小的尖峰数据都丢掉了；KPSegmentation 算法和 FP_PLF 算法相比，同时运用了 C 值和 α_0 的筛选条件，但 FP_PLF 算法设置的 α_0 更小，因此部分数据因为未达到角度要求而被压缩掉，所以，从图 2-9 的拟合效果上来看，当压缩率为 0.95 时，对于 bond2 数据，KPSegmentation 算法的拟合效果最好。

结论 3：从本次实验还可以看出，FP_PLF 算法只受到数据压缩率和初始角度 α_0 的限制。若 α_0 比待测的大多数数据的夹角都小,则 α_0 相当于不起作用,致使 C 的区间范围不发生变化,则 FP_PLF 算法的拟合效果就会很差;相反,若 α_0 设置较大,则大部分都满足要求,因此 C 的区间范围会很快变化,并趋于稳定,但相应的压缩率会降低,保留了过多的细节变化,达不到模式表示提取特征数据的目的。因此,在执行算法时,可在初始将 α_0 设置较大,目的是找到大部分数据 C 值的变化区间,然后逐渐减小 α_0,最终达到需要的压缩率,同时也取得了较好的拟合效果。

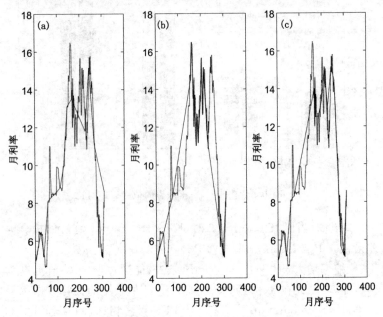

图 2-9   压缩率为 0.95 时三种算法的拟合效果
(a) FPSeqmentation 算法;(b) KPSeqmentation 算法;(c) FP_PLF 算法

（2）瓦斯浓度监测数据拟合误差分析

结论 1:从图 2-10 可知,在压缩率较小时,KPSegmentation 算法与 FPSegmentation 算法的拟合误差近似,但都小于 FP_PLF

算法。对于瓦斯浓度监测数据,FPSegmentation 算法和 KPSeg-
mentation 算法在 $C=1$ 时,压缩率最小 $p=0.93$,此时角度限制条
件不起作用,因此,FPSegmentation 算法和 KPSegmentation 算法
的拟合误差近似,FP_PLF 算法的拟合误差较大,此点结论与
bond2 实验在压缩率较小时的结论相同。

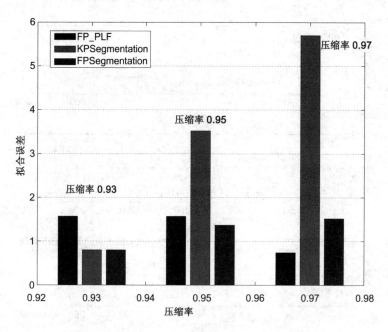

图 2-10　瓦斯浓度数据不同压缩率的拟合误差对比

　　结论 2:压缩率增加时,对于瓦斯浓度检测数据,只针对极值
点进行筛选的拟合方法,拟合效果欠佳。当压缩率不断增加,保留
的数据点越来越少,FPSegmentation 算法和 KPSegmentation 算
法只对极值点进行条件的判断,因此造成"平滑段"的错误处理,所
以拟合误差逐渐增加,运用角度对极值点进行选取的 KPSegmen-

tation 算法误差增加最为明显。而 FP_PLF 算法的改进算法,可以有效识别"平滑段",选择的拟合点更能够体现瓦斯浓度监测数据的形态变化,且从图 2-11 和图 2-12 的拟合效果图可以看出,随着压缩率的增加,FP_PLF 算法对数据的模式表示形式变化不大,说明抓住了数据的主要特征。

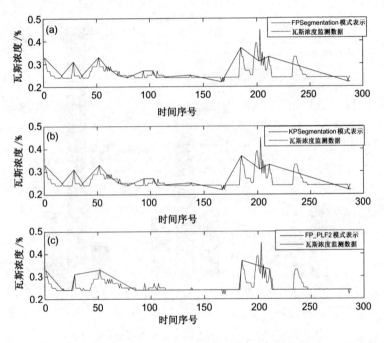

图 2-11　压缩率为 0.93 时三种算法的拟合效果

因为突出监测数据受到环境的影响,数据分布的变化比较频繁,如果选择恒定的参数进行模式表示,那么造成数据的压缩率及拟合误差变化很大,以此为基础进行的相似距离的计算,数值本身以及产生的误差都会比较大,增大了异常检测的难度;反之,若能够在数据分布不断变化的情况下,自适应地调整模式表示策略,使

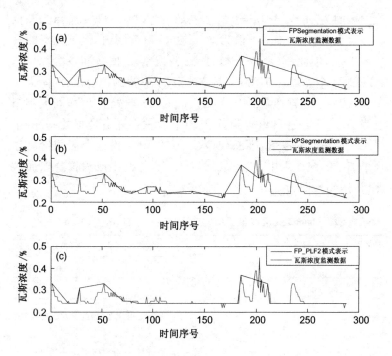

图 2-12　压缩率为 0.95 时三种算法的拟合效果

数据的压缩率基本保持平稳,即使有压缩率的小幅变化,模式表示(拟合)的数据形态也能基本保持平稳,并反映瓦斯浓度监测数据的"主趋势",才可为后续基于模式距离的异常检测方法奠定好的基础。本书 FP_PLF2 算法正是基于这种思想而设计的,从实验结果来看,达到了预期的良好效果。

2.7.3　算法的自适应性分析

由于 bond2 数据随着时间的推移,同时表现出 C 值和角度的变化,因此,本书选取 bond2 数据进行算法自适应性的分析。

表 2-2 以 bond2 数据为例说明了本书提出的 FP_PLF 算法的自适应性,设初始角度 $\alpha_0 = 60°$,$p = 0.8$,计算得到 $x = 0.3$,则 C

值的区间为 $[\mu-0.3\sigma, \mu+0.3\sigma]$，初始 $\mu=\sigma=0$。第 1 个点为默认的拟合点；第 3 个点 Δt_i 值为 2，不在 C 值范围内，但是此点的夹角小于 α_0，因此，该点成为拟合点，并改变 C 值区间，变为(0.7, 1.4)；第 4 个点，Δt_i 值为 1，在 C 值范围内，成为拟合点，区间大小不变；按照这个规律，在 43 点，Δt_i 值为 27，此处 C 值区间大小修改为(1.1, 5.4)。可以看到，FP_PLF 算法会随着数据的到来，根据 Δt_i 和角度的取值，不断修改 C 值的区间，而这个区间恰好体现了 Δt_i 的统计规律，使得数据以 $1-p$ 的概率成为拟合点而被保留，达到预期的压缩要求。

表 2-2　bond2 数据 C 值区间的自适应变化举例($\alpha_0=60°, p=0.8$)

拟合点序号	角度	Δt_i 值	C 值区间
1		0	0
3	$\checkmark$	2	(0.7, 1.4)
4		1	不变
6	$\checkmark$	2	(0.9, 1.7)
7		1	不变
...	...	...	...
43	$\checkmark$	27	(1.1, 5.4)

2.8　小结

本章针对煤与瓦斯突出数据的流数据特点及模式表示问题，提出了一种基于拟合点的分段线性拟合方法。该方法根据极值点保持时间段 Δt_i 段段的统计规律，结合角度大小的判断，自适应地计算极值点维持极值时间段的区间范围，解决了传统时间序列模式表示方法依赖序列长度和领域知识的问题，同时特别针对瓦斯浓度监测数据的特点,对所提算法进行了改进。通过分析,算法的时空复杂度满足流数据计算的要求,同时仿真实验表明,算法在较高压缩率的情况下,具有良好的拟合效果,且可以根据环境变化完全自适应调整拟合策略,达到了概率流数据环境下模式表示方法的要求。

第3章　非突变型干扰模式检测方法

3.1　引言

　　模式异常是指数据形态上发生的异常变化,诸多环境因素及生产过程都会造成监测数据形态发生较大变化,比如工作面检修或推进速度较快。与灾害性异常不同,这种临时状态的改变不会对监测数据产生质的影响,因此,临时的影响因素消失,传感器监测数据的形态就会迅速恢复正常,我们将这一阶段的异常称为"模式异常"。"模式异常"的判断主要表现为形态上的变化,因此,本章从数据之间的相似距离出发,提出了一种"基于概率相似距离的模式异常检测算法"(Probabilistic Similarity Distance based Patten Anomaly Detection Algorithm,PSD_PAD)。为了得到待测数据的模式异常概率,本章首先阐述了运用概率相似距离进行模式异常检测的算法思想,之后对突出监测数据的模式异常进行了定义,最后分别从流窗口宽度≥30 和<30 两种情况,推导出概率相似距离分布函数的表示方法。

　　通过对模拟数据和真实数据的仿真实验表明,本书提出的"基于概率相似距离的模式异常检测算法"可以有效检测到具有概率特性的流数据模式异常,在一定条件下可以保证漏报率和误报率的平衡。特别地,本算法针对突出瓦斯浓度监测数据进行分析,漏报率和误报率表现出共同的变化趋势,且异常概率阈值越小,漏报率和误报率越小;同时,若待测数据的模式异常概率增加,漏报率和误报率会随之减小。这一结论为第 5 章运用趋势分析的方法识别突出前兆的研究奠定了基础。

3.2 流数据异常检测方法概述

异常检测(anomaly detection)是指研究与预期行为不相符合的数据集并发现其模式的相关问题。异常检测技术最早的研究始于 19 世纪 80 年代,其应用领域包括:信用卡、保险或医疗保健行业的欺诈检测(fraud detection)、网络安全中的入侵检测(intrusion detection)、安全性要求较高设备的故障检测(fault detection)以及敌军行为的军事监视(military surveillance)等。由于流数据和时间序列数据之间的紧密联系,使得流数据异常检测技术与时间序列异常检测技术之间有很多可借鉴之处,时序数据的异常检测可以分为"单序列和多序列"检测,流数据检测也可分为"单数据流和多数据流"的检测,下文介绍的内容如不加说明均是针对单数据流异常检测问题。

3.2.1 流数据异常的分类

异常检测是一个面向应用的研究内容,针对不同的应用领域异常所指的内容不尽相同,这亦是异常检测技术的难点所在,至今,针对特定的数据流检测任务,研究者给出了大量的异常检测算法却没有得到一致的异常定义,本书在总结相关工作[37, 57]的基础上,对数据流上的异常检测技术进行了分类,如图 3-1 所示。

(1) 按照数据之间的关系划分:异常数据可以分为"有关联数据"和"无关联数据"两大类。有关联数据指数据之间存在某种时间或空间关系,如图数据、时间序列数据和空间序列数据,煤与瓦斯突出监测数据就是一类特殊的时间序列数据;无关联数据针对先后数据之间无任何关系的数据形式,即点数据。

(2) 按照异常的性质划分:分为点异常、上下文异常和数据

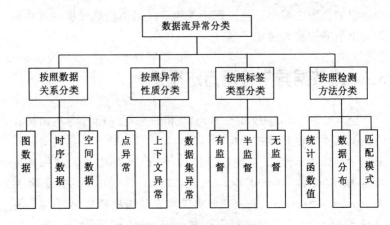

图 3-1　数据流异常分类

集异常。如图 3-2(a) 中点 O_1 和 O_2 远离了 N_1 和 N_2 两个数据集，属于点异常。图 3-2(b) 是某市一年中每月平均温度的变化，t_1 点的温度值和 t_2 点的温度同样低，t_1 发生在 11 月，其温度在该地区属于正常情况，而同样的温度出现在 6 月，就属于异常情况了。这种异常的判定不仅与数据本身的数值相关，还和数据附带的属性相关，表示数据"在某种情况下为异常"的事实，因此，这种异常称为"上下文异常"。最后一种异常类型为"数据集异常"，如某病人的心电图情况，单独每个数值来看，都是在正常范围之内，但是该病人异常的心脏监测数据，却呈现出不同的形态，这种异常种类称为"数据集异常"。从上述分析可以看出，首先，煤与瓦斯突出监测数据是一类概率流数据，数据之间存在时序关系，不属于点异常；其次，煤矿安全监测数据应该在一个区间内均匀分布，任何一个超出正常区间的数据都可判定为异常，与数据所在的时间或其他属性无关，因此不属于上下文异常；最后，在突出灾害发生发展的过程中，监测数据呈现出波动性，在某些时间区间，虽然数值仍然属于正常区间范围，但是这种数据从序列的整体上看,已经呈现出了与正常监测数据不同的形态,因此,此类异常还属于数据集异常。

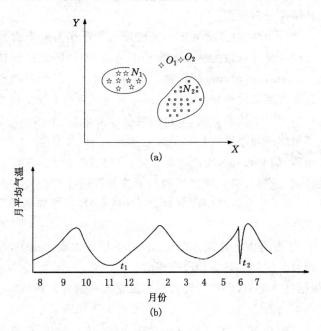

图 3-2　异常按照性质的分类

(a) 点异常;(b) 上下文异常

(3) 按照标签分类:分为正常数据和异常数据。若进行异常检测算法之前,已经存在正常数据和异常数据,在已划分好的数据集上训练检测模型,并根据检测模型对待测数据进行检验,这种方法称为"有监督异常检测"。由于现实中很难获得真正的异常数据,因此,完全的有监督学习是很难做到的。若只根据正常数据集(或异常数据集)建立检验模型,对待测数据进行测试的方法,称为"半监督异常检测";如果没有任何数据标签,一个数据集中的数据无法清晰地辨别出正常数据和异常数据,也进行异常检测的方法,称为"无监督异常检测"。

（4）按照检测方法分类：主要包括统计函数的突变异常、数据模式异常及分布异常。

① 统计函数的突变异常。将统计函数值作为异常检测标准的方法称为统计函数的突变异常检测方法，使用的统计函数包括average，sum，count，max 等，通过计算数据流上每个滑动窗口内的统计函数值来检测异常。这种研究方法是数据流异常检测技术研究初期的一个重要方向，取得的主要成果包括：平移小波树[58]，解决了聚集函数单调变化时的异常检测问题，对于非单调变化的聚集函数，如 average，无法判断异常；倒排直方图[59]，在传统直方图的基础上进行改进，将数据的后缀按照规则存放在直方图的桶中，可以通过在直方图中取出对应桶的数据，快速准确地计算出聚集函数的值。

② 数据流模式异常。在时间序列的模式发现问题中，异常模式是指时间序列的某些片段表现出与已定义的正常片段不同的行为，根据这一定义，研究者针对得出数据流中的异常模式[39]，采用模式匹配的方法查找异常。由于需要根据不同的应用背景建立不同的异常模式库，因此这种方法往往具有很大的局限性，并且随着时间的推移，数据流的模式可能发生很大的变化，此时的模式库也会发生一定的变化，如何设计具有自适应能力的模式异常检测方法是这类问题的关键。

③ 分布变化的异常。研究者发现，数据流中的数据在不同的应用环境下通常具有一定的分布特征，因此可以预先计算得到数据流满足的分布模型，对待测数据进行检测，若实际数据不符合这个分布模型时，就认为发生了异常，这种异常称为分布变化的异常。

本节采用了模式异常的流数据检测方法，同时针对突出监测数据的概率特性，用概率相似距离描述监测数据与正常数据之间相似程度的模式信息；同时，本文认为这种数据之间的相似距离应该满足一定的分布规律,因此在求得分布模型的基础上,计算待测数据的模式异常概率。本文的检测算法综合了模式异常和分布变化异常两种检测技术,而且本文的分布函数不是一成不变的检测模型,而是根据不断到来的流数据进行相应的计算,利用不变的标准模式距离和模式概率异常阈值,对变化的数据进行检测并得到结果。

3.2.2　流数据模式异常检测技术

流数据模式异常检测技术针对流数据对于时空复杂度、数据处理方式及处理结果的特殊要求,在传统的模式异常检测技术基础上进行改进,取得了如下的研究成果:

(1) 文献[60]从趋势分析的角度进行了流数据环境下的模式异常检测研究,文中用长度不同的数据流窗口的均值差表示某个时刻流数据的趋势,并根据多条数据流的趋势信息检测异常的发生。

(2) 文献[61]综合基于密度的方法和基于距离的方法,提出基于邻居的异常模式识别方法(Neighbor-Based Patterns),这种方法中定义了一个范围阈值 $\theta^{range} \geqslant 0$ 用以描述两点之间是否具有"邻居"关系,对于点 p_i 和 p_j,如果点之间的距离不大于 θ^{range},则两点为邻居,$NumNei(p_i, \theta^{range})$ 函数计算点 p_i 的邻居数,若 $NumNei(p_i, \theta^{range}) < N \cdot \theta^{fra}$,则 p_i 异常。

(3) 文献[62]从产生频数(frequency)的角度对时序数据库中异常模式进行了定义,并运用马尔科夫模型计算模式发生的频数,运用前序树对序列中模式的频数进行搜索,实现异常模式的发现。

(4) S.Lonardi 等[63]运用 SAX 方法对流数据进行符号化表示,将数据表示为一串字符序列,之后采用文献[62]中的方法,运用前缀树对字符串中所有已出现模式进行编码,马尔科夫模型对字符序列中未出现过的模式发生的频率进行预测,通过对前缀树中模式发生频数的搜索值与预测值进行比较,确定是否存在异常模式。

（5）P.Janeja 等[64]提出运用贝叶斯网络综合传感器网络中的多种监测数据进行某个传感器节点异常模式的判断方法。

（6）在文献[39]中作者对眼科医疗器械产生的监测信号进行研究，发现这些信号呈现出一种不严格的周期性，每个周期之间数据的形态较为近似，这是一种较为常见的数据流模式异常。在这种数据流环境下，将周期数据的形态定义为标准数据形态，与这种标准形态不相符的模式，即为异常模式。

（7）在网络环境下，网络广告的欺诈行为是一种非常普遍的行为，对这种行为的监测很难用传统的分析日志或者在客户端设置 cookies 的方法来进行检测。在文献[65]中，作者将异常欺诈行为进行了共有模式的总结，并将异常检测问题转化为在数据流环境下寻找频繁项对的问题，主要思想为：假设条件频率 $F(x, y)$ 是不同的 x 和 y 在时间跨度 δ 内发生的次数，元素 x 的频度 $F(x)$ 是数据流中 x 发生的次数。对于用户指定的 φ 和 ψ，若数据对 (x, y)，满足 $F(y) > \varphi N$ 以及 $F(x, y) > \psi F(y)$，则说明出现了异常模式。

（8）在文献[66]中，作者采用无限自动机来定义和检测文本数据流中的突变状态。无限状态自动机对文本消息流进行建模，输入相邻时间间隔 $X = x_1, x_2, \cdots, x_n$，同时找出一组状态 $Q = q_1, q_2, \cdots, q_n$ 使得整个系统状态转移函数取最小值。当无限自动机的状态发生转移时，说明数据流中发生了异常。

3.3　基于概率相似距离的模式异常检测算法

3.3.1　算法思想

本节在 2.2.1 节中给出的概率流数据模型下，讨论煤与瓦斯突出监测数据的模式异常检测方法，解决问题的思路如下：

（1）在概率流数据模型下，给出突出监测数据中模式异常的概念本文基于欧式距离提出了概率流数据模式异常的概念,基于精确数值模型的欧式距离在概率流数据模型下计算得到的不再是数值,而是一个具有一定分布特性的随机序列,因此,本节首先给出了概率相似距离的定义,并在此定义基础上给出了两个概率流数据"相似"的概念,若一个概率流数据与正常数据之间"不相似"的概率足够大,则称该数据发生了"模式异常"。

(2)求解概率相似距离的分布函数

不同时间区间上两个概率流数据之间的相似距离构成了一个满足正态分布的随机序列,而每个区间上的概率相似距离就是一个正态分布的随机变量,因此为了计算两个数据流之间的相似概率,并最终计算得到不相似的"异常"概率,必须首先计算概率相似距离的分布函数,从而得到模式异常概率的计算方法。

(3)模式异常概率的计算

① 以窗口宽度 w,计算两个正常检测数据在相似概率为 τ_0 时,每个窗口上的概率相似距离 r_w,取若干窗口的平均值得到相似度 τ_0 时的标准概率相似距离 r_{ref};

② 以窗口宽度 w,计算待测监测数据与正常监测数据之间的概率相似距离,根据标准概率相似距离 r_{ref} 计算各个窗口上的相似概率 τ,若 $1-\tau > 1-\tau_0$ 则说明该窗口上的监测数据发生了模式异常。

3.3.2　概率流数据模式异常的定义

为进行模式异常分析,首先介绍一下本节所采用的数据流窗口模型,如图 3-3 所示。为方便计算,本文采用了传统的界标模型,即从过去某个时刻开始到当前时刻为止的所有数据当前窗口中处理的数据,随着数据的不断到来,窗口被填满,在窗口填满后,触发一次处理操作,之后窗口内所有的数据被清空,重新开始处理到来的新数据。

模型中 $T_1, T_2, \cdots, T_{m-1}$ 表示窗口处理过的时间区间,例如

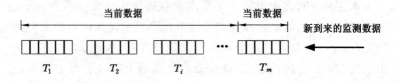

图 3-3　数据流窗口模型

$T_1 = [1\,\mathrm{s}, 10\,\mathrm{s}]$，$T_2 = [11\,\mathrm{s}, 20\,\mathrm{s}]$，$\cdots$，且总有 $T_1 < \cdots < T_{m-1} < T_m$，即 T_m 是离当前最近的时间区间，也是当前正在处理的时间区间。在 $T_1, T_2, \cdots, T_m$ 的序列中，每个时间区间 T_i 上都要计算出当前窗口内的监测数据 $(\widetilde{S}_\mathrm{u})$ 与标准数据 $(\widetilde{S}_\mathrm{ref})$ 之间的概率相似距离，下面对相关概念进行定义。

定义 3-1　两个概率数据流 $\widetilde{S}_\mathrm{u}$ 和 $\widetilde{S}_\mathrm{v}$ 之间在时间区间 $T_i = [t_\mathrm{s}^i, t_\mathrm{e}^i]$ 内的概率相似距离为：

$$PDst(\widetilde{S}_\mathrm{u}, \widetilde{S}_\mathrm{v})_i = \sqrt{\sum_{j=t_\mathrm{s}^i}^{t_\mathrm{e}^i} (\widetilde{S}_\mathrm{u}[j] - \widetilde{S}_\mathrm{v}[j])^2} \qquad (3\text{-}1)$$

其中，$t_\mathrm{s}^i, t_\mathrm{e}^i$ 分布表示区间 T_i 的开始时间和结束时间。

定义 3-2　在时间区间 $T_i = [t_\mathrm{s}^i, t_\mathrm{e}^i]$ 内，两个概率数据流 $\widetilde{S}_\mathrm{u}$ 和 $\widetilde{S}_\mathrm{v}$ 之间的相似性可表示为[10]：

$$Pr[PDst(\widetilde{S}_\mathrm{u}, \widetilde{S}_\mathrm{v})_i \leqslant r] \geqslant \tau, \tau \in (0,1] \qquad (3\text{-}2)$$

为后面的计算方便，将上式转换为：

$$Pr(PDst(\widetilde{S}_\mathrm{u}, \widetilde{S}_\mathrm{v})_i^2 \leqslant r^2) \geqslant \tau, \tau \in (0,1] \qquad (3\text{-}3)$$

由定义 3-2 可以看出，在时间区间 $T_i = [t_\mathrm{s}^i, t_\mathrm{e}^i]$ 上，两个概率数据流之间的距离小于 r^2 的概率为 τ，其含义是，对于所有的正常数据，其形态变化较小，两个数据之间的相似程度很大，因此距离小于某个阈值 r^2 的概率均大于 τ。将公式(3-3)变形，得到：

$$Pr(PDst(\widetilde{S}_\mathrm{u}, \widetilde{S}_\mathrm{v})_i^2 > r^2) < 1 - \tau, \tau \in (0,1] \qquad (3\text{-}4)$$

上式可理解为,相似数据大于阈值 r^2 的概率应小于 $1-\tau$。但对于异常数据,由于形态上发生了较大变化,因此两个数据之间相似距离大于阈值 r^2 的概率应该是远大于 $1-\tau$,即发生异常现象。基于上述思想,本节给出某个概率流数据在时间区间 $T_i = [t_s^i, t_e^i]$ 上发生模式异常的定义。

定义 3-3　若一个概率数据流 $\widetilde{S}_u$ 在时间区间 $T_i = [t_s^i, t_e^i]$ 上发生异常,则满足如下条件:

$$Pr(PDst(\widetilde{S}_{ref}, \widetilde{S})_i^2 > r_{ref}^2) > \tau_0, \tau_0 \in (0,1] \qquad (3-5)$$

称此概率数据流 $\widetilde{S}_u$ 发生了模式异常,其中 $\tau_i = Pr((PDst(\widetilde{S}_{ref}, \widetilde{S})_i^2 > r_{ref}^2)$ 为概率数据流 $\widetilde{S}_u$ 在区间 T_i 上的模式异常概率,r_{ref}^2 称为概率 τ_0 下的模式异常阈值。基于概率流数据的模式异常概念,要对一个概率流数据进行模式异常的检测,需要进行以下步骤(在时间区间 $T_i = [t_s^i, t_e^i]$ 上):

(1) 选取正常概率流数据 $\widetilde{S}_{ref}$ 和 $\widetilde{S}_v$,设相似概率 τ_{ref},计算相似距离 r_{ref}^2;

(2) 选取待测数据 $\widetilde{S}$ 和正常监测数据 $\widetilde{S}_{ref}$,设异常阈值 r_{ref}^2,计算 $\widetilde{S}$ 的模式异常概率 τ;

(3) 比较 τ 和 $1-\tau_{ref}$ (τ_0),若满足公式(3-5),则说明 $\widetilde{S}$ 在 $T_i = [t_s^i, t_e^i]$ 上发生了模式异常。

3.3.3　概率相似距离分布函数的表示

3.3.3.1　窗口宽度大于 30 的模式异常概率计算

当时间区间 $T_i = [t_s^i, t_e^i]$ 中包含的数据个数大于 30 个时,可以使用中心极限定理求概率相似距离的分布函数。为进行计算,本文首先作如下假设:

① 设概率数据流 $\widetilde{S}_u$ 和 $\widetilde{S}_v$ 满足正态分布,$\widetilde{S}_u \sim N(\mu_u, \delta_u^2)$,$\widetilde{S}_v \sim N(\mu_v, \delta_v^2)$;

② 设 $X_i = \tilde{S}_u[i] - \tilde{S}_v[i]$，则 $X_1, X_2, \cdots, X_n$ 是来自相同总体的独立样本。

③ 令 $Y_i = \sum_{i=t_s^j}^{t_e^j} X_j^2 = \sum_{i=t_s^j}^{t_e^j} (\tilde{S}_u[i] - \tilde{S}_v[i])^2$，则 $Y_1, Y_2, \cdots Y_i, \cdots$ 是来自相同总体的样本。

性质 3-1: 随机变量 Y 是服从 $N\left(E\left(\sum_i X_i^2\right), Var\left(\sum_i X_i^2\right)\right)$ 的正态分布函数。

证明:较容易证明,在此略。

性质 3-2: 令 $Y_{norm} = \dfrac{\sum_i X_i^2 - E\left(\sum_i X_i^2\right)}{\sqrt{Var\left(\sum_i X_i^2\right)}}$，$Y_{norm} \sim N(0,1)$ 标准正态分布。

证明:因为,$X_1, X_2, \cdots, X_n$ 是来自相同总体的独立样本,X_1^2, $X_2^2, \cdots, X_n^2$ 也是来自相同总体的独立样本,由独立同分布中心极限定理可知,当 n 趋向于无穷大时,即时间区间 $T_i = [t_s^i, t_e^i]$ 中包含的点数趋向于无穷大时,$Y = \sum_i X_i^2$ 服从正态分布,则 $Y_{norm} = \dfrac{\sum_i X_i^2 - E\left(\sum_i X_i^2\right)}{\sqrt{Var\left(\sum_i X_i^2\right)}}$，$Y_{norm}$ 服从标准正态分布函数。

因此对公式(3-5)进行变换,模式异常即为判断公式(3-6)是否成立:

$$Pr\left[\frac{\sum_i X_i^2 - E\left(\sum_i X_i^2\right)}{\sqrt{Var\left(\sum_i X_i^2\right)}} > \frac{r_{ref}^2 - E\left(\sum_i X_i^2\right)}{\sqrt{Var\left(\sum_i X_i^2\right)}}\right] \geqslant \tau_0 \quad (3\text{-}6)$$

即

$$\Phi\left(\frac{r_{\text{ref}}^2 - E\left(\sum_i X_i^2\right)}{\sqrt{Var\left(\sum_i X_i^2\right)}}\right) \geqslant \tau_0 \qquad (3\text{-}7)$$

而 $\Phi\left(\dfrac{r_{\text{ref}}^2 - E\left(\sum_i X_i^2\right)}{\sqrt{Var\left(\sum_i X_i^2\right)}}\right)$ 的数值查表即可获得。因此,对煤矿概率

流数据进行模式异常的检测,即求 $\Phi\left(\dfrac{r_{\text{ref}}^2 - E\left(\sum_i X_i^2\right)}{\sqrt{Var\left(\sum_i X_i^2\right)}}\right)$ 的数值,必

须求出 Y_{norm} 的分布函数的特征参数 $E\left(\sum_i X_i^2\right)$ 和 $Var\left(\sum_i X_i^2\right)$ 的数

值。但存在的问题是:无法直接根据公式的推导求得 $E\left(\sum_i X_i^2\right)$ 和

$Var\left(\sum_i X_i^2\right)$ 的数值,本节将给出在 μ_u 和 μ_v 未知,而 δ_u 和 δ_v 已知的

条件下,求 $E\left(\sum_i X_i^2\right)$ 和 $Var\left(\sum_i X_i^2\right)$ 的计算方法。

（1）$E\left(\sum_i X_i^2\right)$ 的计算

$$E\left(\sum_{i=1}^n X_i^2\right) = \sum_{i=1}^n E(X_i^2) = \sum_{i=1}^n E(\widetilde{S}_u[i] - \widetilde{S}_v[i])^2$$

$$= \sum_{i=1}^n \left[E(\widetilde{S}_u^2[i]) + E(\widetilde{S}_v^2[i]) - 2E(\widetilde{S}_u[i]\widetilde{S}_v[i])\right]$$

令　$E(\widetilde{S}_u^2[i]) = [E(\widetilde{S}_u^2[i])]^2 + Var(\widetilde{S}_u[i]) = \mu_{ui}^2 + \sigma_{ui}^2$

则 $\sum_{i=1}^n \left[E(\widetilde{S}_u^2[i]) + E(\widetilde{S}_v^2[i]) - 2E(\widetilde{S}_u[i]\widetilde{S}_v[i])\right]$

$$= \sum_{i=1}^n \left[(\mu_{ui}^2 + \delta_{ui}^2) + (\mu_{vi}^2 + \delta_{vi}^2) - 2\mu_{ui}\mu_{vi}\right]$$

$$= \sum_{i=1}^n (\mu_{ui}^2 + \mu_{vi}^2 - 2\mu_{ui}\mu_{vi} + \delta_{ui}^2 + \delta_{vi}^2)$$

$$= \sum_{i=1}^{n} \left[(\mu_{ui} - \mu_{vi})^2 + (\delta_{ui}^2 + \delta_{vi}^2) \right] \tag{3-8}$$

（2）$Var\left(\sum_i X_i^2\right)$ 的计算

由于无法直接推导出 $D\left(\sum_{i=1}^{n} X_i^2\right)$ 与两个概率流数据的均值和方差之间的关系，因此，运用泰勒公式对函数表达式进行展开表示，其方差表示为 $Var[f(X)] \approx Var(X) \cdot [f'(\mu)]^2$。

当 $\boldsymbol{X}$ 是多值构成的向量，$Var[f(\boldsymbol{X})] \approx \left[\dfrac{\partial f(\boldsymbol{\mu})}{\partial X_i}\right] \cdot \boldsymbol{\Omega} \cdot$

$\left[\dfrac{\partial f(\boldsymbol{\mu})}{\partial X_i}\right]^{\mathrm{T}}$ 其中，$\boldsymbol{\mu}$ 是向量 $\boldsymbol{X}$ 的均值，$\boldsymbol{\Omega}$ 是向量 $\boldsymbol{X}$ 的协方差矩阵。

由 $X^2 = (\widetilde{S}_u[i] - \widetilde{S}_v[i])^2$

则 $Var(X^2) = [2(\mu_{ui} - \mu_{vi}) \quad -2(\mu_{ui} - \mu_{vi})] \cdot \begin{bmatrix} \delta_{ui}^2 & 0 \\ 0 & \delta_{vi}^2 \end{bmatrix} \cdot$

$\begin{bmatrix} 2(\mu_{ui} - \mu_{vi}) \\ -2(\mu_{ui} - \mu_{vi}) \end{bmatrix} = 4(\delta_{ui}^2 + \delta_{vi}^2) \cdot (\mu_{ui} - \mu_{vi})^2$

因此

$$D\left(\sum_{i=1}^{n} X_i^2\right) = \sum_{i=1}^{n} \left[4(\delta_{ui}^2 + \delta_{vi}^2) \cdot (\mu_{ui} - \mu_{vi})^2 \right] \tag{3-9}$$

由公式（3-8）和公式（3-9），可以看出，$E\left(\sum_i X_i^2\right)$ 和 $Var\left(\sum_i X_i^2\right)$ 的计算与两个因素有关：$(\delta_{ui}^2 + \delta_{vi}^2)$ 和 $(\mu_{ui} - \mu_{vi})^2$。由题设条件可知，突出监测流数据始终保持相同的方差，因此由 $\delta_{ui}^2 = \delta_u^2$ 和 $\delta_{vi}^2 = \delta_v^2$，即 $\delta_{ui}^2 + \delta_u^2 = \delta_{vi}^2 + \delta_v^2$，此时，关键的问题是，如何求得 $(\mu_{ui} - \mu_{vi})^2$ 的数值。

（3）$(\mu_{ui} - \mu_{vi})^2$ 的计算

单独求解 μ_{ui} 和 μ_{vi} 不易得到，因此必须能够取得相应的转换方法,本文参照文献[67]中的方法,运用哈尔小波树存储每个传感器中的监测数据。由于哈尔小波树可以实现数据的高效存储,同时可以快速还原数据的原始信息,且能量损失较少,因此在流数据的处理中被广泛使用。

$$PDst(\widetilde{S}_u, \widetilde{S}_v)_i \Big|_{t_s}^{t_e} = PDst(\widetilde{S}_u, \widetilde{S}_v) \Big|_l^L$$

$$= \sum_p \left[n_{(l,p)}^{(u)} - n_{(l,p)}^{(v)} \right]^2 \times 2^L + \cdots + \sum_p \left[n_{(l,p)}^{(u)} - n_{(l,p)}^{(v)} \right]^2 \times 2^l$$

$$= \sum_{l=1}^L \sum_p \left[n_{(l,p)}^{(u)} - n_{(l,p)}^{(v)} \right]^2 \times 2^l \tag{3-10}$$

其中,L 是时间段(t_s, t_e)中监测数据存储的哈尔小波树的最大层数,$L = \lfloor \log_2(t_e - t_s + 1) \rfloor$;$n_{(l,p)}^{(u)}$ 和 $n_{(l,p)}^{(v)}$ 分别表示监测数据流 $\widetilde{S}_u$ 和 $\widetilde{S}_v$ 在 L 层的哈尔小波误差树中第 l 层的第 p 个误差系数。

$$E\left(\sum_i X_i^2 \right) = \sum_i \left[(\mu_{ui} - \mu_{vi})^2 + (\delta_u^2 + \delta_v^2) \right]$$

$$= \sum_{l=1}^L \sum_p \left[n_{(l,p)}^{(u)} - n_{(l,p)}^{(v)} \right]^2 \times 2^l + \sum_{i=t_s}^{t_e} (\delta_u^2 + \delta_v^2)$$

$$= \sum_{l=1}^L \sum_p \left[n_{(l,p)}^{(u)} - n_{(l,p)}^{(v)} \right]^2 \times 2^l + (\delta_u^2 + \delta_v^2)(t_e - t_s + 1)$$

$$\tag{3-11}$$

$$Var\left(\sum_i X_i^2 \right) = \sum_i \left[4(\delta_u^2 + \delta_v^2) \cdot (\mu_{ui} - \mu_{vi})^2 \right]$$

$$= 4(\delta_u^2 + \delta_v^2) \cdot \sum_{l=1}^L \sum_p \left[n_{(l,p)}^{(u)} - n_{(l,p)}^{(v)} \right]^2 \times 2^l$$

$$\tag{3-12}$$

由公式(3-11)和公式(3-12)可知,将突出监测数据经过第 2 章的模式表示方法进行预处理后存储到哈尔小波树中,再根据小波树的结构计算得到 $E\left(\sum_{i=1}^n X_i^2 \right)$ 和 $Var\left(\sum_{i=1}^n X_i^2 \right)$,由此代入公式(3-7),即可计算得到阈值为 r_{ref}^2 的模式异常概率。

3.3.3.2　窗口宽度小于 30 的模式异常概率计算

当时间区间 $T_i = [t_s^i, t_e^i]$ 中包含的数据个数少于 30 个时,样本点个数有限,用中心极限定理求概率相似距离的误差较大,必须换用其他方法。为进行计算,本文作如下假设:

① 设概率数据流 $\widetilde{S}_u$ 和 $\widetilde{S}_v$ 满足正态分布,$\widetilde{S}_u \sim N(\mu_u, \delta_u^2)$,$\widetilde{S}_v \sim N(\mu_v, \delta_v^2)$;

② 设 $X_i = \widetilde{S}_u[i] - \widetilde{S}_v[i]$,则 $X_1, X_2, \cdots, X_n$ 是来自相同总体的独立样本。

③ 设 $Y_i = \dfrac{X_i - \mu}{\delta}$,其中 $\mu = \mu_u - \mu_v$,$\delta = \sqrt{\delta_u^2 + \delta_v^2}$,且 $Y_1, Y_2,$ $\cdots, Y_n$ 是来自相同总体的独立样本;

性质 3-3:X 服从正态分布 $X \sim N(\mu_X, \delta_X^2)$,其中 $\mu_X = \mu_u - \mu_v$,μ_u 和 μ_v 都是当前滑动窗口中数据的均值;$\delta_X^2 = \delta_u^2 + \delta_v^2$,$\delta_u^2$ 和 δ_v^2 在整个数据流上保持不变。

证明:较容易证明,在此略。

性质 3-4:Y 服从标准正态分布,表示为 $Y \sim N(0, 1)$。

证明:

$$E(Y) = E\left(\frac{X - \mu_X}{\delta_X}\right) = \frac{1}{\delta_X} E(X - \mu_X) = 0$$

$$D(Y) = D\left(\frac{X - \mu_X}{\delta_X}\right) = \frac{1}{\delta_X^2} D(X - \mu_X) = \frac{1}{\delta_X^2} D(X) = 1$$

性质 3-5:$\displaystyle\sum_{i=1}^{n} Y_i^2 \sim \chi(n)$

证明:较容易证明,在此略。

性质 3-6:$PDst = \displaystyle\sum_{i=1}^{n} X_i^2$ 服从 $N(\mu, \delta^2)$ 正态分布,其中 n 为当前滑动窗口中点的个数 $(n \ll 30)$,$\mu = n(\delta_X^2 + \mu_X^2)$,$\delta^2 = \delta_X^4(2n) + 4\mu_X^2 \delta_X^2(n)$。

证明：
$$E\left(\sum_{i=1}^{n} X_i^2\right) = E\left[\sum_{i=1}^{n} (\delta_X Y_i + \mu_X)^2\right]$$

$$= E\left[\sum_{i=1}^{n} (\delta_X^2 Y_i^2 + \mu_X^2 + 2\mu_X \delta_X Y_i)\right]$$

$$= E\left(\sum_{i=1}^{n} \delta_X^2 Y_i^2\right) + E(n\mu_X^2) + E\left(2\mu_X \delta_X \sum_{i=1}^{n} Y_i\right)$$

$$= \delta_X^2 E\left(\sum_{i=1}^{n} Y_i^2\right) + n\mu_X^2 + 2\mu_X \delta_X \sum_{i=1}^{n} E(Y_i)$$

$$= \delta_X^2 (n) + n\mu_X^2 + 0$$

$$E\left(\sum_{i=1}^{n} X_i^2\right) = n(\delta_X^2 + \mu_X^2) \tag{3-13}$$

$$D\left(\sum_{i=1}^{n} X_i^2\right) = D\left[\sum_{i=1}^{n} (\delta_X Y_i + \mu_X)^2\right]$$

$$= D\left[\sum_{i=1}^{n} (\delta_X^2 Y_i^2 + \mu_X^2 + 2\mu_X \delta_X Y_i)\right]$$

$$= D\left[\sum_{i=1}^{n} (\delta_X^2 Y_i^2)\right] + D(n\mu_X^2) + D\left(2\mu_X \delta_X \sum_{i=1}^{n} Y_i\right)$$

$$= \delta_X^4 D\left(\sum_{i=1}^{n} Y_i^2\right) + 0 + 4\mu_X^2 \delta_X^2 \sum_{i=1}^{n} D(Y_i)$$

$$= D\left(\sum_{i=1}^{n} X_i^2\right) = \delta_X^4 (2n) + 4\mu_X^2 \delta_X^2 (n) \tag{3-14}$$

性质 3-7：$PDst_{\text{norm}} = \dfrac{DST - \mu}{\delta}$ 服从标准正态分布。

证明：较容易证明，在此略。

本节给出了概率相似距离 $PDst(\widetilde{S}_u, \widetilde{S}_v)$ 分布函数的表示方法，并分别从窗口宽度大于 30 和小于 30 两个方面给出了推导过程，由此可以将正态分布函数数值的求解问题转化为标准正态分布函数数值的求解，并以此为基础实现基于概率相似距离的模式异常检测算法。

3.4 复杂度分析

3.4.1 空间复杂度

设窗口宽度大小为 ω(数据个数),算法占用的存储空间包括:

(1) 用于对比的标准流数据样本数 w。由于突出监测数据的异常种类属于"非上下文"类型异常,因此,异常数据与发生的时间之间没有相关性,根据系统设置的窗口宽度,在检测设备内预先存储与窗口大小相同的样本数据,用于计算概率相似距离,因此,预先存储的样本数据大小为 w(窗口宽度)。

(2) 滑动窗口内的待测数据量。算法采用界标窗口模型,计算从过去某点开始距离最近时刻的 w 个数据,在处理这些数据时,若 $w < 30$,则直接将数据放入缓存执行检测算法即可;而如果 $w \geqslant 30$,则首先要将数据存放到哈尔小波树中,w 个数据的哈尔小波树的存储空间远小于 $2^{\log_2 \lfloor w \rfloor - 1}$。

(3) 在本文提出的基于概率相似距离的模式异常检测算法中,需要额外存储的辅助参数包括:样本数据和待测数据的方差 δ_u 和 δ_v,以及标准模式异常距离阈值 r_{ref}^2。

3.4.2 时间复杂度

基于概率相似距离的模式异常检测算法的执行时间取决于窗口宽度:

(1) 当窗口宽度小于 30 时,算法中数据的处理(归一化)及参数的计算 $[E(DST(\widetilde{S}_{w1}, \widetilde{S}_{w2}))$ 和 $Var(DST(\widetilde{S}_{w1}, \widetilde{S}_{w2}))]$ 只针对当前进入窗口的数据,因此,复杂度为 $O(1)$。

(2) 当窗口宽度大于 30 时,算法耗费的时间主要在于哈尔小波数据的建立和遍历,因此,对于最大层数为 $\log_2 \lfloor w \rfloor - 1$ 的哈尔小波树,节点数 $N = 2^{\log_2 \lfloor w \rfloor - 1}$,遍历时间为 $N\log_2 N$。

3.5　实验及结果分析

3.5.1　实验步骤

Step 1：数据归一化，令 $x_i' = \dfrac{x_i - \min}{\max - \min}$，将数据转换为在区间 $[0,1]$ 内的数据，方便处理和检测。

Step 2：标准正态分布函数计算，依据《统计分布数值表 正态分布》(GB 4086.1—1983)附录给出的算法：

$$\Phi(x) = \frac{1}{2} + \frac{x}{\sqrt{2\pi}} e^{-\frac{x^2}{2}} \left[\frac{1}{1} - \frac{x^2}{3} + \frac{2x^2}{5} - \cdots + (-1)^k \frac{kx^2}{2k+1} + \cdots \right], x \leqslant B$$

$$\Phi(x) = 1 - \frac{1}{\sqrt{2\pi}} e^{-\frac{x^2}{2}} \left(\frac{1}{x} + \frac{1}{x} + \frac{2}{x} + \frac{3}{x} + \cdots + \frac{k}{x} + \cdots \right), x > B$$

Step 3：数据概率化，设每一个归一化数据 x_i' 符合概率密度为 $f(x) = \dfrac{1}{\sqrt{2\pi}\sigma} e^{-\frac{(x-\mu)^2}{2\sigma^2}}$ 的正态分布函数随机变量($\sigma = 0, \mu = 1$)，即令每一个原始数据 $x_i' \sim N(0,1)$。利用 step 2 进行数据的标准正态函数概率化，有

$$x_i'' = P\{x' \leqslant x_i\} = \Phi(x_i')$$

由 step 1 知，x_i' 最大为 1，最小为 0，也就是每个数据对标准正态分布函数的概率最大为：$\Phi(x_i') = \Phi(1.0) = 0.841\ 3$，最小为：$\Phi(x_i') = \Phi(0.0) = 0.500\ 0$。

Step 4：对数据进行哈尔小波树存储，其步骤包括：

① 取需处理的数据窗口宽度为 w，即此窗口内有 w 个数据，记为 S_{w_1}。

② 调用 Step 1 和 Step 2，得到新的转化数据集 $\widetilde{S}_{w_1}$。

③ 取同一数据总体的另一窗口数据集 S_{w_2}，再调用步骤 Step 1 和 Step 2，得到另一转化数据集 $\widetilde{S}_{w_2}$。

④ 设第 k 个窗口对应 $\widetilde{S}_u$ 中的时间区间为 $[t_s^k, t_e^k]$,则哈尔小波树的高度为 $L = \lfloor \log_2(t_e^k - t_s^k + 1) \rfloor$,将 $\widetilde{S}_{w_1}, \widetilde{S}_{w_2}$ 存储到各自的哈尔小波树中。

Step 5:利用哈尔小波树计算概率相似距离 $DST(\widetilde{S}_u, \widetilde{S}_v)$ 的均值和方差,其步骤包括:

① 调用 step 3,得到 $\widetilde{S}_{w_1}, \widetilde{S}_{w_2}$ 的哈尔小波树。计算 $\sum\limits_{l=1}^{L} \sum\limits_{p} [n_{(l,p)}^{(u_1)} - n_{(l,p)}^{(u_2)}]^2 \times 2^l$,其中 $n_{(l,p)}^{(u)}$ 表示 L 层的哈尔小波树中第 l 层的第 p 个误差系数。

② 计算 $DST(\widetilde{S}_u, \widetilde{S}_v)$ 的均值:

$$E(DST(\widetilde{S}_{w_1}, \widetilde{S}_{w_2}))$$
$$= \sum_{l=1}^{L} \sum_{p} [n_{(l,p)}^{(w_1)} - n_{(l,p)}^{(w_2)}]^2 \times 2^l + (\sigma_{w_1}^2 + \sigma_{w_2}^2)(t_e - t_s + 1)$$

③ 计算 $DST(\widetilde{S}_u, \widetilde{S}_v)$ 的方差:

$$Var(DST(\widetilde{S}_{w_1}, \widetilde{S}_{w_2}))$$
$$= 4(\sigma_{w_1}^2 + \sigma_{w_2}^2) \cdot \sum_{l=1}^{L} \sum_{p} [n_{(l,p)}^{(w_1)} - n_{(l,p)}^{(w_2)}]^2 \times 2^l$$

这里 $\sigma_{w_1}^2, \sigma_{w_2}^2$ 表示 $\widetilde{S}_{w_1}, \widetilde{S}_{w_2}$ 的方差。

Step 6:计算 τ_0 下标准模式异常距离阈值 r_{ref}^2。

选取两组标准数据集和待测数据,重复 step 1～step 6,根据公式(3-5),计算当模式异常概率为 τ_0 时,标准模式异常距离阈值 r_{ref}^2。

Step 7:将待测数据与标准数据比较,计算在 r_{ref}^2 条件下的模式异常概率 τ,由定义 3-3,若 $\tau > \tau_0$,则说明当前窗口下的概率流数据发生了模式异常。

3.5.2 实验数据

实验选取三组数据,如图 3-4 所示,数据内容说明如下:

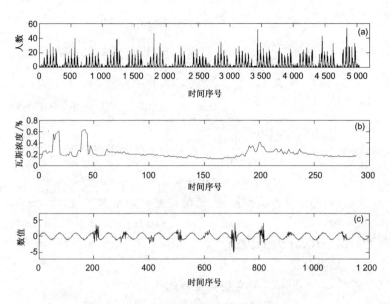

图 3-4　三组含异常事件的实验数据

(a) Cailt 数据；(b) wasi 数据；(c) moni 数据

（1）Cailt 数据（cailt）：来自 UC Irvine 大学 Cailt 2 实验楼前门的传感器监测数据，每 30 分钟采集一次通过前门的人数，总共 3 个月，共 5 040 个数据。其中，共发生了 30 次异常事件。

（2）瓦斯浓度数据（wasi）：来自于某矿（7 月 6 日）瓦斯浓度监测数据，采样间隔为 5 分钟，共计 288 个采样数据。其中，在 1:00～1:25 和 3:10～3:35 分别插入了一些超出正常浓度范围的随机数据。

（3）模拟数据（moni）：采用了 Ma 等人在文献［144］中用于检测新颖事件的时间序列仿真数据集，并按照本文需要，重新生成了一个含 10 组异常的数据集，其中，

$$X(t) = \sin\left(\frac{40\pi}{N}t\right) + n(t) + e_1(t) + \cdots + e_{10}(t)$$

$t = 1, 2, \cdots, N, N = 1\,200$。$n(t)$是一加性高斯噪音,均值为 0,标准差为 0.1,$e_i(t)$是异常事件,定义如下:

$$e_1(t) = \begin{cases} n_1(t) & t \in [200, 220] \\ 0 & \text{otherwise} \end{cases} \qquad n_1(t) \text{ 符合正态分布 } N(0, 1.8)$$

$$e_2(t) = \begin{cases} n_2(t) & t \in [300, 320] \\ 0 & \text{otherwise} \end{cases} \qquad n_1(t) \text{ 符合正态分布 } n(0, 0.8)$$

......

其他 $e_1(t)$ 的定义方法类似,生成的位置分别是 $[400, 420]$,$[500, 520]$,$[600, 620]$,$[700, 720]$,$[800, 820]$,$[900, 920]$,$[1\,000, 1\,200]$,$[1\,100, 1\,120]$。

3.5.3 结果分析

3.5.3.1 实验一 模式异常检测效果比较

(1)Cailt 数据模式异常检测效果。

结论 1:PSD_PAD 算法突出瓦斯浓度监测数据和模拟数据,具有良好的检测效果,但对于 Cailt 数据检测效果欠佳。从图 3-5 可以看出,对于 Cailt 数据 PSD_PAD 算法检测效果最差,因为这组数据的异常是上下文相关的,即数值只有在特定时间范围内出现才会是异常事件,这种类型的异常只根据形态的变化很难得到好的检测结果。

(2)突出瓦斯浓度数据模式异常检测效果。

瓦斯浓度数据的模式异常检测效果见图 3-6。

(3)模拟数据模式异常检测效果。

结论 2:PSD_PAD 算法的检测效果依赖于所选取的检测窗口宽度。对于模拟数据集和瓦斯浓度数据集,异常的类型都是"上下文无关"的,即异常的检测结果与其他环境因素无关,对于这类数据,检测效果要视检测窗口宽度而定。例如,对于模拟数

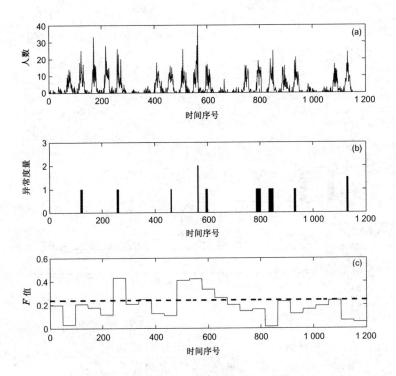

图 3-5　Cailt 数据模式异常检测效果($\delta^2 = 0.05, \tau_0 = 0.2$)

(a) Cailt(2005.7.24—2005.8.16)数据;(b) 实际异常事件分布图;

(c) PSD_PAD算法检测结果

据,如图 3-7,异常数据的宽度都为 20,而检测窗口设定为 60,此时窗口中其他正常数据的检测效果部分地抵消了异常数据对检测效果的影响,因此在异常程度较小的位置,就难以检测到异常的发生;对于瓦斯浓度监测数据,检测效果如图 3-6 所示,异常数据的宽度为 6,检测窗口宽度设定为 12,得到了较好的检测效果。在实际应用中,可以根据实际情况,动态调整窗口宽度,以获得更好的检测效果。

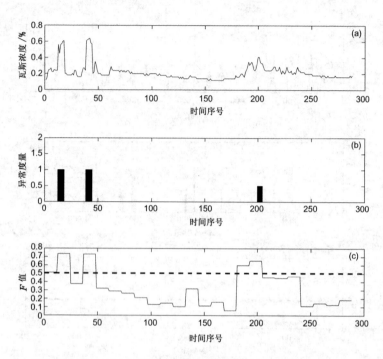

图 3-6 突出瓦斯浓度数据模式异常检测效果($\delta^2 = 0.1, \tau_0 = 0.5$)

(a) wasi(2005.7.6);(b) 实际异常事件分布图;(c) PSD_PAD 算法检测效果

结论 3:PSD_PAD 算法的检测效果依赖于方差 δ^2 和 τ_0。从三组数据的检测参数可以看出,方差 δ^2 和 τ_0 的选择是决定 PSD_PAD 算法检测效果好坏的关键,因此,第二组实验,测试在不同 δ^2 和 τ_0 条件下数据的漏报率和误报率。

3.5.3.2 实验二 不同方差 δ^2 和 τ_0 值对漏报率和误报率的影响

本实验主要分析不同方差 δ^2 和 τ_0 值对漏报率和误报率的影响,由于实验一中分析得到 PSD_PAD 算法对于"上下文相关模式异常"效果欠佳,因此,本实验的分析只针对模拟数据集和瓦斯浓

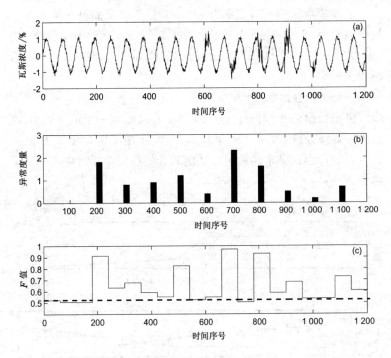

图 3-7　模拟数据模式异常检测效果（$\delta^2 = 0.05, \tau_0 = 0.6$）

（a）moni 数据；（b）实际异常事件分布图；（c）PSD_PAD 算法检测效果

度数据集。

　　漏报率和误报率是异常检测算法最为重要的性能参数,但二者又是相互制约和矛盾的,很难二者兼顾,因此,研究人员通常根据应用环境的具体需要在漏报率和误报率之间取得平衡。在煤与瓦斯突出监测数据挖掘任务中,对于突出事件的异常检测问题,显然对于漏报率的考虑是首位的,在保证漏报率尽可能低的前提下,才考虑误报率是否满足一定的要求,因此,PSD_PAD 算法以漏报率为首要的检测性能衡量参数。

取模拟数据的窗口宽度为 $w=60$，瓦斯浓度监测数据的窗口宽度为 $w=12$，方差 δ^2 为 0.05、0.1、0.5，计算 F 值 [即 $\Phi(\tau_0)$] 为 0、-0.85、-1、-1.65（对应 τ_0 为 50%、80%、85% 和 95%）的漏报率和误报率。

（1）模拟数据

模拟数据的数据长度为 $1\,200$，60 个数据为一个正弦周期，因此为了方便处理，取窗口宽度为 $w=60$，运用了窗口宽度大于 30 的方法进行模式异常的检测。从图 3-8 的检测结果可以得到如下结论：

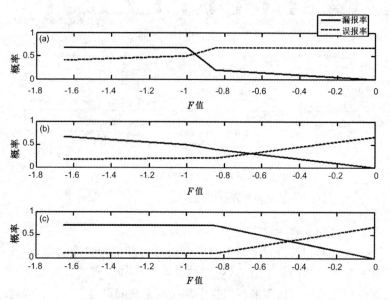

图 3-8　模拟数据漏报率和误报率对比

（a）方差 0.05；（b）方差 0.1；（c）方差 0.5

结论 1：对于模拟数据集，在窗口宽度相同的条件下，PSD_PAD 算法漏报率和误报率呈现明显的相互制约关系，从三组不同方差的对比结果看,方差越小,漏报率整体数值都越小,因此,较小的方差会使检测效果更好。

结论 2:窗口宽度和方差都相同时,F 值越大(τ_0 概率值越小),则 PSD_PAD 算法的漏报率越低,但误报率也越高。因此,选择较大的 F 值会使检测效果更好。

(2) 突出瓦斯浓度监测数据

为了更好地测试 PSD_PAD 算法对瓦斯浓度监测数据的检测效果,本实验的实验数据做如下调整:

① 计算漏报率:选择文献[78]中的真实煤与瓦斯突出前夕浓度监测数据进行测试,数据长度为 240。

② 计算误报率:选择正常时期瓦斯浓度监测数据,数据长度为 280。

窗口宽度取 $w=12$,运用了窗口宽度小于 30 的方法进行模式异常的检测,正常状态的瓦斯浓度在 $0.1\%\sim0.4\%$ 范围内,而突出前夕的瓦斯浓度绝大部分超过了范围的上限,对图 3-9 分析得到如下结论:

结论 1:对于瓦斯浓度监测数据,PSD_PAD 算法的漏报率和误报率呈现相同的变化趋势。

结论 2:方差越小,漏报率越低;F 值越大(τ_0 越小),漏报率越小。

结论 3:整体上来看,误报率基本小于漏报的数值。造成这种现象的主要原因在于,突出前夕的数据偏离程度较大,因此模式异常概率较高;正常时期的数据偏离程度很小,因此模式异常概率较低,这一点也符合本文对模式异常的定义。因此,由于突出前夕的数据有波动现象,部分数据在正常浓度数值范围内,所以出现了低模式异常概率的数值,产生漏报现象;而对于正常时期的瓦斯浓度监测数据,绝大部分的数据在正常范围内,高模式异常概率的数值很少,因此,误报率较低。

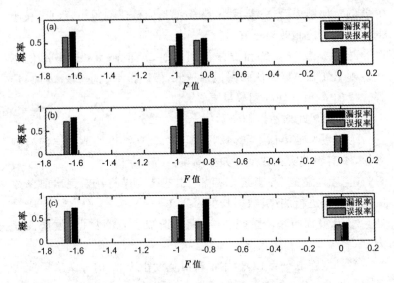

图 3-9　突出瓦斯浓度数据漏报率和误报率对比

(a) 方差 0.05；(b) 方差 0.1；(c) 方差 0.5

结论 4：由结论 2 的分析也可知，若 $\tau_0 = 0$，在突出前夕，瓦斯浓度数据呈现不断增大的趋势，因此，模式异常概率也会不断增大，漏报率和误报率会逐渐降低。而对于正常时期的瓦斯浓度，若受到短暂的外界环境的影响，瓦斯浓度临时增大，当外界影响因素消失，数据又恢复正常。这种异常情况下，数据波动较为频繁，会造成漏报率和误报率都较高。从这一结论出发可知，并不能直接根据 PSD_PAD 算法的检测结果得到是否发生矿井灾害的结论，因为，PSD_PAD 算法无法有效判断产生模式变化的原因，必须对模式异常概率的检测结果进行趋势的跟踪和分析，才能得到是否发生矿井灾害的预测结果。

3.5.3.3　实验三算法执行时间的分析

实验选择了正常时期瓦斯浓度监测数据进行测试，数据长度

280(个),窗口宽度分别取 10、20、30、40、50、60,计算相应窗口上的算法执行时间,软硬件参数为:CPU 1.4 GHz 主频,2.89 G 内存,Window XP 系统。由于无法做到完全裸机测试,因此算法的执行时间与真实值之间存在一定的差别。

从图 3-10 可知,当窗口宽度小于 30 时,计算时间基本为一常数且<0.1 ms,随着窗口宽度的增加,计算时间和窗口宽度基本呈线性关系,这种趋势与 3.4.2 节的分析一致。当数据量<30 时,PSD_PAD 算法采用增量式计算方式,只针对进入窗口的数据进行处理,耗时相当少;当数据量>30 时,PSD_PAD 算法需要建立哈尔小波并对哈尔小波进行遍历,从而使算法的计算时间和数据量基本接近线性关系。

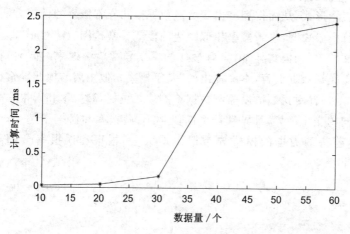

图 3-10　PSD_PAD 算法执行时间

由于在进行模式异常检测之前,煤矿概率流数据已经进行了模式表示处理,数据量得到了一定的压缩,因此基本可以将窗口宽度控制在<30 的范围内。对于采样间隔为 5 s 的监测数据,若每 10 min 进行一次异常检测,则会产生 120 个数据。若用于模式表

示的数据压缩率为 0.8,则窗口宽度仅为 24,在这种情况下,即使是在计算能力受限的监测设备上,每 10 min 一次的异常检测,也仅需耗费几秒的监测时间,完全达到了灾害检测的时实性要求。

3.6　小结

模式异常是指数据形态上发生的异常变化,诸多环境因素及生产过程都会造成监测数据形态发生较大变化。本章从概率流数据之间的概率相似距离出发,提出了"基于概率相似距离的模式异常检测方法",对概率流数据的模式异常进行了定义,并从数据流窗口宽度 ≥30 和 <30 两个方面推导出了概率相似距离分布函数的表示形式,从而得到突出概率流数据模式异常概率的计算方法。仿真实验表明,基于概率相似距离的模式异常检测方法对于"非上下文相关"的模式异常,具有最佳的模式异常检测效果。同时,相对于模拟数据而言,本文提出的"基于概率相似距离的模式异常检测方法"针对瓦斯浓度监测数据检测效果更好,漏报率和误报率呈相同的变化趋势,且异常概率阈值越小,漏报率和误报率越小;同时,若待测数据的模式异常概率增大,漏报率和误报率会随之减小。

第 4 章　突变型干扰模式检测方法

4.1　绪论

第 3 章,我们运用时间序列间相似度计算方法,针对突出监测数据中大量的临时性干扰模式,给出了不确定时间序列之间的概率相似度的表示及计算,并依据概率阈值判断两个子序列之间的相似程度,获取异常的序列片段。

本章,将针对一种不同类型的干扰模式进行讨论。我们注意到:由于受到某些机电设备的影响,突出电磁监测数据形态短时间内会发生较大的变化,即产生突变模式,这种异常模式的出现,正是对应了某种特殊干扰过程的开始或结束。如图 4-1 所示的风道连续打排放孔的电磁辐射强度(脉冲)图,从图中可见:在电钻开、停的瞬间,数据都会发生突变现象。通过对大量突出电磁数据的分析可知,工作面回采过程中,涉及使用机电设备的作业工序,对电磁辐射影响最大,是在线式电磁辐射监测的主要干扰源,而一般作业活动虽然对电磁辐射有影响,但影响较小。绞车、刮板运输机、电钻等机电设备在开启和关闭的瞬间,会使得电磁辐射强度明显增加;当刮板运输机槽内积压大量煤块时,会加剧对电磁辐射的干扰,造成电磁辐射强度和电磁脉冲成倍甚至数百倍地增加,极易触发预警造成误报。

通常,突变模式的发生时间非常短暂,对应的监测数据量有限,无法直接用第 3 章中的方法对此类干扰模式进行检测,因此,

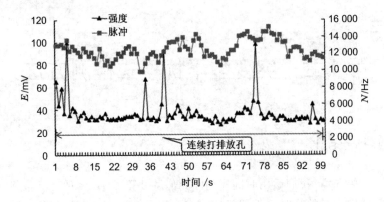

图 4-1　连续打排放孔电磁辐射强度图

本章针对突出电磁监测数据中大量存在的突变干扰模式,提出一种基于时间序列异常模式(Discord)检测的突变干扰模式识别方法。首先,给出时间序列 Discord 异常相关的概念,并对典型算法流程及研究现状进行概述。其次,对含有噪声的时间序列 Discord 模式发现问题进行讨论,提出传统 Discord 计算方法在噪声环境下将产生的问题。最后,提出一种不确定时间序列的 Discord 计算方法,在噪声数据影响下仍能准确获取 Discord 异常模式的位置,为具有突变模式的突出监测数据干扰源提供了有效的识别方法。

4.2　Discord 的定义及其在突出电磁数据应用中存在的问题

4.2.1　Discord 的概念

Eamonn Keogh 最早提出时间序列异常(Time Series Discord)的概念[68],其具体定义为:

定义 4-1　时间序列 Discord：给定一个时间序列对象 T，一个长度为 n 的子序列 D，其开始位置为 l，若 D 与其最邻近的非自身匹配的子序列距离最大，则称 D 为时间序列 T 的 Discord。即存在子序列 C、C 的非自身匹配序列 M_C 以及 D 的非自身匹配序列 M_D，表达式 $\text{Dist}(D, M_D) > \min[\text{Dist}(C, M_C)]$ 总成立，则 D 称为 T 的 Discord。

定义 4-2　第 k 个 Discords：给定一个时间序列对象 T，从位置 p 开始的一个长度为 n 的子序列 D，满足 D 与其最邻近的非自身匹配子序列之间的距离排序为第 k 个，且 $|p - p_i| \geqslant n$，则 D 被称为时间序列 T 的第 k 个 Discord。

定义 4-3　Top-k Discords 查询：给定一个时间序列对象 T，求前 k 个 Discords 对象的查询即为 Top-k Discords 查询。

传统 Discord 检测算法的计算过程（以下简称 BF_DD），其复杂度为 $O(m^2)$，其中 m 是子序列的长度，在子序列较长的情况下，这一复杂度会造成计算效率的下降。因此，为了提高计算效率，目前从基于索引的检索[69-71]和直接查询[72,73]优化两个方面对传统 Discord 计算方法进行改进。

4.2.2　问题的提出

我们发现，当时间序列受到噪声数据的干扰时，由于数据在真实值附近波动，噪声方差越大对真实数据的影响程度越大，而此时 Discord 位置的检测结果也会相应发生变化，如图 4-2 所示。针对模拟数据集 Ma[77]，运用 BF_DD 方法进行 Top-5 的 Discords 异常检测，异常位置如图 4-2(a)所示；向 Ma 数据集中添加方差为 0.7 的高斯白噪声后，Top-5 的异常检测位置如图 4-2(b)所示，对比后可知，第 3 和第 4 异常的位置在加入噪声后发生了交换。产生这种现象的原因是，第 3 和第 4 异常的变化幅度较为相似，且和加入的噪声数据的变化幅度也接近，因此真实的异常被淹没在噪声数据中。

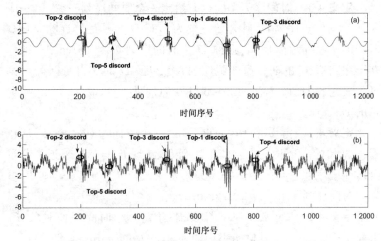

图 4-2　数据集 Ma 原 Top-5 异常与加噪后 Top-5 异常

(a) 原 Top-5 异常;(b) 加噪后 Top-异常

　　为了解决上述问题,本章试图解决不确定时间序列的 Top-k Discords 准确查询问题,提出了基于蒙特卡洛方法的连续不确定数据 Top-k Discords 查询方法。首先,基于蒙特卡洛的 Top-k 迭代查询算法(MCTop-k)解决连续不确定数据的 Top-k 查询问题;其次,在传统 Discord 算法查询结果的基础上,进行区间化处理,使其概率密度函数满足均匀分布;最后,将 MCTop-k 算法应用于 Top-k Discords 查询,提出任意分布的连续时间序列 Top-k 异常检测算法(MCTop_DD),针对均匀分布的 Top-k 个 Discords 区间进行排序,获取连续不确定时间序列的 Discord 位置。

4.3　不确定 Top-k 查询的研究现状

　　对于不确定序列的 Top-k Discords 查询问题,关键在于如何针对不确定连续数据的 Discords 对象进行 Top-k 排序,即不确定数据的 Top-k 排序算法是解决问题的关键。因此,本节对这方面的研究现状进行概述。

4.3.1　不确定数据模型

不确定数据普遍存在于检索信息、文本剖析和社交网络等应用当中。数据噪声、传输延迟、仪器的精度限制,以及为了隐私人为添加噪声都是造成产生不确定数据的原因。对这些不确定数据进行查询,选择其中所需的前 k 个数据集,称为不确定 Top-k 查询。

c-table 作为第一个在不确定数据模型中被采用的完备模型,由 c-tuples 构成。c-tuples 具有如下特征[74]:

(1) 将属性值的表示方法用自由变量代替;

(2) 每条记录都有一个属性 condition,定义了该记录中自由变量满足的关系范式;

(3) 整个 c-table 可能还会有一个全局约束条件。

不确定 Top-k 查询属于不确定性数据处理的一部分,从目前来看,在研究这一类问题的时候,往往是如下的两个方面中的一种对不确定性进行分析:

(1) 属性不确定。在一个不确定的数据库中,假如有一个或多个属性是不确定的:

① 属性值是呈离散分布的一个集合,每一个离散值对应一个出现概率;

② 属性的值是一个可能的连续分布的值,存在一个概率密度函数与之相关联,那么数据库包含属性级的不确定性。

(2) 记录不确定。与属性级不确定不同,在不确定数据库中,如果记录含有的属性都是确定性的,但是每条记录是以一定的出现概率存在于整个数据库中,则这个数据库含记录级不确定。记录级不确定性存在一种更复杂的情况,就是含有一组生成规则,每个规则包含一组记录,将记录需要满足的约束条件规定出来。通

常,生成规则有两种:

① 互斥规则,规定该组记录不可以同时存在,只可以有一个出现;

② 共存规则,规定该组记录必须同时存在。

由于本文针对的是时间序列的异常检测,大部分的情况属性是以分值函数作为参考依据,因此出现了排序分值是连续分布的情况,所以本文主要研究属连续分布的属性级不确定性。

4.3.2　可能世界模型计算

上一节中提到,在不确定性数据模型中,分为属性级不确定性和记录级不确定性,以属性级不确定性为例,又分为离散的属性级不确定性和连续的属性级不确定性。传统针对不确定性查询的研究是建立在可能世界模型的基础上,可能世界空间由一系列可能世界实例组成,可能世界实例由所有的记录组成。而可能世界语义下的计算问题主要包括两个方面,一方面为可能世界规模的计算,一方面为可能世界概率的计算。

为了更好地分析可能世界计算问题,首先给出两个属性级不确定性的例子,如表 4-1 和表 4-2 所列,其中表 4-1 为属性离散的不确定数据,表 4-2 为属性连续的不确定数据。

表 4-1　　　　　　　　属性值离散的不确定数据

记录	属性值	可能世界
t_1	$\{(50,0.5)(15,0.5)\}$	$w_1 = \{t_1 = 50, t_2 = 35, t_3 = 25\}$
t_2	$\{(35,0.4)(20,0.6)\}$	$w_1 = \{t_1 = 50, t_2 = 20, t_3 = 25\}$
t_3	$\{(25,1)\}$	$w_1 = \{t_1 = 15, t_2 = 35, t_3 = 25\}$
		$w_1 = \{t_1 = 12, t_2 = 20, t_3 = 25\}$

表 4-2　　　　　　　　　属性值连续的不确定数据

记录	属性值区间	分布函数
t_1	$[5,11]$	$f=1/6$
t_2	$[0,400]$	$f=N(30,10)$
t_3	$[0,500]$	$f=B(500,0.5)$

可能世界的空间规模指的是存在于可能世界空间中实例的总数。对于离散型的属性级不确定性数据来说,其可能世界的空间规模就是所有不确定属性中存在的可选属性个数的乘积,例如表4-1中所示,三条记录的不确定属性可选值依次是 2,2,1,那么通过相乘计算可得可能世界的空间规模为 4。对于连续型的属性级不确定性数据来说,可能世界规模为无穷大。

每一个可能世界实例都具有一个存在概率,而可能世界空间中全部可能世界实例的概率组成了可能世界概率。对于属性级不确定性数据,其可能世界实例的概率通过所选属性值概率乘积进行计算,即 $p(w_k)=\prod_{t_i\in w_k}p(t_i)$。例如表 4-1 中可能世界 w_1 的概率为 $p(w_1)=0.2$。而对于属性值连续的不确定数据,可能世界的概率则与所选取的数据模型有关。

4.3.3　马尔可夫链蒙特卡罗算法

文献[75]中提出 UTop-Prefix(k)模型并给出了相应的计算方法——马尔可夫链蒙特卡罗(MCMC)算法。其中 UTop-Prefix(k)模型的定义为:

UTop-Prefix(不确定 Top 前缀):UTop-Prefix(k)查询返回最有可能成为线性扩展前缀的 k 个记录。对于 PPO 的线性扩展空间 Ω,UTop-Prefix(k)返回 $\arg\max_p\left[\sum_{w\in\Omega(p,k)}Pr(w)\right]$,其中 p 表示 k 长度的前缀集合,$\Omega_{(p,k)}\in\Omega$ 表示所有前 k 个记录的前缀与 p 相同的线性扩展。

MCMC 算法过程如算法 4-1 所示。该算法实质上就是一个移动序列,可以通过 Metropolis-Hastings 算法获得,但由于返回结果不唯一,故不能得到概率最大的 UTop-Prefix(k)。

算法 4-1　马尔可夫链蒙特卡罗算法

输入:一组属性级连续型不确定元组

输出:可能 Top-k Discord 集

算法开始

Step 1　根据 Discord 中异常分值的区间,得到支配关系。

Step 2　根据支配关系,将元组的所有线性扩展用树的形式表示。

Step 3　随机选择树的一个分支,记为状态 S_0。

Step 4　选择 k 的值。

Step 5　定义变量 z,并且随机赋值,其中 z [1, k]。

Step 6　定义变量 j,从 1 到 z 开始进行循环,j 每循环一次,下面的步骤进行一次。

Step 7　在 S_0 中随机选择一个位置 r_j(j 的值为 Step6 中变量 j 的值),该位置的记录为 t_{rj}。

Step 8　如果 $r_j \in [1, k]$,那么 t_{rj} 往下移动,反之 t_{rj} 向上移动。移动的是和最近的一个位置的记录进行交换。如果 t_{rj} 往上移动,那么会出现概率 $P_{(rj,m)} = Pr(t_{rj} > t_m)$,即 t_{rj} 支配 t_m 的概率。如果 t_{rj} 往下移动,那么概率就为 $P_{(m,rj)} = Pr(t_m > t_{rj})$,即 t_m 支配 t_{rj} 的概率。其中 m 为紧挨着 r_j 的位置。当上面的位置完全支配下面的时候,则不进行交换,得到状态 S_1。每交换一次,则有一个交换概率 $a_{(rj)}$ 记录下来,同时要记录概率 $1 - a_{(rj)}$。

Step 9　将 $a_{(rj)}$ 相乘,赋值给 P_j。将 $1 - a_{(rj)}$ 相乘,赋值给 P_{j2}。然后 $j++$,重复第 7 步。

Step 10　将 P_j($j \in [1, z]$)相乘得到 q_1。将 P_{j2} 相乘得到 q_2。

Step 11　最后进行计算公式为状态 $\min([\pi_{(S_1)} * q_2] / [\pi_{(S_0)} * q_1])$。其中 $\pi_{(S)}$ 为状态 S 的 Top-k 前缀概率。若结果大于 1,则选定状态 S_1 为初始状态 S_0,并记录下来,并进行第 5 步。若结果不大于 1,则所记录的状态则为最后结果。

算法结束

（1）蒙特卡罗方法

蒙特卡罗方法，又称为随机抽样法或统计实验方法，是在 20 世纪 40 年代随着科学技术的进步和电子计算机的问世而被提出的一种重要的数值计算方法，以概率统计作为理论指导。针对待求问题，根据物理现象本身的统计规律，或人为构造一个合适的依赖随机变量的概率模型，使某些随机变量的统计量为待求问题的解，进行大量统计 $N \to \infty$ 的统计实验方法或计算机随机模拟方法，它可以解决很多典型数学问题，如微分方程边值问题、重积分计算、线性方程组求解、积分方程等等。本文主要利用其解决多重积分难以计算的问题。

由于计算多重积分的时间复杂度很高，所以在这里对算法进行了改进，使用均匀随机数的蒙特卡罗法来计算多重积分。

对于多重积分：

$$S = \int_{a_0}^{b_0} \int_{a_1}^{b_1} \cdots \int_{a_{n-1}}^{b_{n-1}} f(x_0, x_1, \cdots, x_{n-1}) \mathrm{d}x_0 \mathrm{d}x_1 \cdots \mathrm{d}x_{n-1} \quad (4\text{-}1)$$

在 0～1 之间取均匀分布的随机数列：$(t_0^{(k)}, t_1^{(k)}, \cdots, t_{n-1}^{(k)})$，其中 $k = 0, 1, \cdots, m-1$，m 为迭代次数。令 $x_j^{(k)} = a_j + (b_j - a_j) t_j^{(k)}$，其中 $j = 0, 1, \cdots, n-1$。当 m 足够大时，则 S 的值可近似表示为：

$$S = \frac{1}{m} \Big[\sum_{k=0}^{m-1} f(x_0^{(k)}, x_1^{(k)}, \cdots, x_{n-1}^{(k)}) \Big] \prod_{j=0}^{n-1} (b_j - a_j) \quad (4\text{-}2)$$

每次令 $b_{j+1} = X_j$ 就可计算形如公式（4-2）的多重积分，具体步骤如下：

① 设变量 S 初始值为 0，变量 m 的初始值要求足够大，这里取 10 000。

② 在 0～1 之间取均匀分布的随机数列：$(t_0^{(k)}, t_1^{(k)}, \cdots, t_{n-1}^{(k)})$，其中 $k = 0, 1, \cdots, m-1$。

③ 计算积分变量 X_j 的取值 $x[j]$，要求 $x[j]$ 的取值应介于

a_j 和 b_j 之间，$x[1]$ 的取值可由公式 $x_j^{(k)} = a_j + (b_j - a_j)t_j^{(k)}$ 求出，$j = 2, \cdots, n$，$x[j] = x[j-1]$。重复 n 次，这里 n 为积分的重数，求得随机数列 $(x[0], x[1], \cdots, x[n-1])$。

④ 将③中得到的随机数列代入被积函数 $f(x_0, x_1, \cdots, x_{n-1})$，求出被积函数值 f。

⑤ 计算积分变量上下限差值的累积：

$$Mul = \prod_{j=0}^{n-1} (b_j - a_j)$$

⑥ 令 $S = S + f \cdot Mul$。

⑦ 重复②~⑥m 次。

⑧ 将 S 除以 m 所得结果就是多重积分：

$$\int_{a_0}^{b_0} \int_{a_1}^{x_0} \cdots \int_{a_{n-1}}^{x_{n-2}} f(x_0, x_1, \cdots, x_{n-1}) dx_0 dx_1 \cdots dx_{n-1}$$

的近似解。

(2) 马尔可夫过程

设 X 为一个随机变量，X_t 表示 X 在 t 时刻的值。令 $S = \{s_1, \cdots, s_n\}$ 为变量 X 可能取值的集合，表示 X 的状态空间。如果 X 从当前状态转变到下一个状态仅仅与当前状态有关，那么 X 就遵循马尔可夫过程。比如，$Pr(X_{t+1} = s_i | X_0 = s_m, \cdots, X_t = s_j) = Pr(X_{t+1} = s_i | X_t = s_j)$。马尔可夫链是马尔可夫过程产生的状态序列。这里用 $Pr(S_i - S_j)$ 表示状态 S_i 转变为状态 S_j 的一步转移概率。

如果一个特定状态的概率是独立于该马尔可夫链的初始状态，那么该链可能会在它的状态空间中达到一个平稳分布 π。达到平稳分布的条件是不可约性（即任何状态都可以从任何其他状态转变得到），非周期性（即链中的两个状态在某个确定步骤的转变是不循环的）。

如果下面的平衡方程适用于每对状态 s_i 和 s_j，则该马尔可夫链可达到一个唯一的平稳分布：

$$Pr(s_j \rightarrow s_i)\pi(s_i) = Pr(s_j \rightarrow s_i)\pi(s_j) \tag{4-3}$$

（3）马尔可夫链-蒙特卡罗方法（MCMC）

在 20 个世纪中期，一些统计物理学家首次提出了基于马尔可夫链的动态蒙特卡罗方法，然后利用其对一些复杂的物理系统进行模拟。这时人们称其为 Metropolis 算法，作为首个基于迭代模型的抽样方法，对以后的方法产生了重要影响。例如，在 1970 年 Hastings 就将其推广得到 Metropolis-Hastings 算法。

MCMC 方法结合了蒙特卡罗方法和马尔可夫过程，用马尔可夫过程的抽样过程来模拟一个复杂的分布，每个样本仅依赖于它的前一个样本。Metropolis-Hastings（M-H）采样算法就是一种标准的 MCMC 算法。M-H 方法的基本思想为：通过建立一个平稳分布为 $\pi(x)$ 的马尔可夫链来得到 $\pi(x)$ 的样本。假设我们感兴趣的抽样样本来自一个目标分布 $\pi(x)$，M-H 算法生成一个遵循 $\pi(x)$ 的随机抽样序列如下：

① 从一个初始样本 x_0 开始。

② 由一个任意的提案分布 $q(x_1 \mid x_0)$ 中产生一个候选样本 x_1。

③ 为新样本 x_1 计算接受概率：

$$\alpha = \min\left(\frac{\pi(x_1) \cdot q(x_0 \mid x_1)}{\pi(x_0) \cdot q(x_1 \mid x_0)}, 1\right)$$

④ 如果接受 x_1，则令 $x_0 = x_1$。

⑤ 重复步骤②。

M-H 算法的抽样偏向它们的概率值。在每一步中，候选样本 x_1 的产生是鉴于当前的样本 x_0。α 的值比较了 $\pi(x_1)$ 和 $\pi(x_0)$ 来决定是否接受 x_1。M-H 算法满足了任意分布的平衡条件。因此该算法收敛于目标分布 π。一个样本被访问的次数与它的概率成正比，因此访问样本 x 的相对频率就是 $\pi(x)$ 的一个评估。M-H

算法通常用于计算分布总结或评估 π 中一个感兴趣的函数。

4.4 分值连续分布的 Top-k 查询算法(MCTop-k)

4.4.1 基本概念

（1）记录偏序

当不确定数据库中的属性是连续的并且作为分值函数的参照根据时，就会产生连续分布的排序分值的情况。解决此类问题可以引入记录偏序的概念，将记录偏序看作一个处理模型，将具有连续分布函数的元组看作模型中的结点，通过特定的方式给元组打分，通过打出的分数将结点构造为偏序模型。下面通过例子来进行详细介绍。

假设有一个公寓数据库。表 4-3 是某个用户查询数据库时显示的结果，假设用户最重视的是租金这一属性，就可以采用针对租金给公寓打分的方法区分用户希望租赁的程度。租金越低，分值就会越高，这样分值最高的就是用户最想得到的，能够有效地解决租房问题。因为公寓 a_2 的租金显示的是一个范围，而公寓 a_4 的租金未知，所以打分函数分配一个可能的得分区间给 a_2，而把整个得分区间 $[0,10]$ 分配给 a_4，这里假设分数为 10 分制。

表 4-3   租金与得分

公寓序号	租金	得分
a_1	$600	9
a_2	[$650~$1 100]	[5~8]
a_3	$800	7
a_4	negotiable	[0~10]
a_5	$1 200	4

根据表 4-3 的内容描绘了由公寓分数构成的偏序图（图 4-3），图中的离散结点表示它们相应的记录。由得分区间存在的支配关系可知，a_1 一定排在 a_2、a_3 和 a_5 的前面，但是 a_4 与其他任何记录都不能直接比较，a_2 与 a_3 也不能直接比较。这样就构建了一个记录的偏序模型，通过该模型能够直观地得到记录之间的关系。

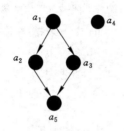

图 4-3　分数不确定记录的偏序

（2）线性扩展

对于租金有范围或信息丢失这种不确定数据的情况，有一个简单的方法就是取分值的期望，用它们的期望值取代得分区间，使它成为一个全序列。假设有 3 个公寓 a_1, a_2, a_3，它们分别对应均匀的分数区间 $[0,100]$，$[40,60]$ 和 $[30,70]$，可以看出这 3 个公寓的期望分数值都是 50，因此 3 个公寓都是同样可能的排名。然而在本章后面的介绍，可以计算出这些公寓不同排序的概率值：$Pr(\langle a_1, a_2, a_3 \rangle) = 0.25, Pr(\langle a_1, a_3, a_2 \rangle) = 0.2, Pr(\langle a_2, a_1, a_3 \rangle) = 0.05, Pr(\langle a_2, a_3, a_1 \rangle) = 0.2, Pr(\langle a_3, a_1, a_2 \rangle) = 0.05, Pr(\langle a_3, a_2, a_1 \rangle) = 0.25$。所以即使对于期望值相等的均匀分数区间，它们的排序也不是等概率的。

另一种对偏序关系排序的方法是寻找 skyline 对象[76]，即寻找没有被支配的对象。在偏序图中，如果一个对象结点没有接入边，那么这个对象就是没有被支配的对象。图 4-3 所示的记录 a_1 和 a_4

就是 skyline 对象。skyline 对象的数量可以是很小直到整个数据库不等,然而 skyline 对象之间并不好比较,同样的,被支配的对象之间也不好比较。用户可能希望在不同的数据语境中比较对象的相对顺序,但似乎没有唯一的方法来区分或排序 skyline 对象。

还有另外一种涉及偏序对象的排序方法,就是检查所有可能排序是否符合对象的排序关系,这些排序被称为偏序的线性扩展。表 4-4 显示了图 4-3 中偏序的所有线性扩展,由此可知,线性扩展空间允许用一种符合偏序的方法来排序对象。比如,即使 a_1 和 a_4 都是 skyline 对象,但 a_1 可能更优于 a_4,因为在总共的 10 条线性扩展中,a_1 排名第 1 的线性扩展占了其中的 8 条。但这个方法的难点在于线性扩展的空间是以对象数量的指数倍增长的。

表 4-4   偏序的线性扩展

l_1	$\langle a_1, a_4, a_2, a_3, a_5 \rangle$
l_2	$\langle a_1, a_2, a_3, a_5, a_4 \rangle$
l_3	$\langle a_1, a_3, a_2, a_5, a_4 \rangle$
l_4	$\langle a_1, a_4, a_3, a_2, a_5 \rangle$
l_5	$\langle a_1, a_2, a_3, a_4, a_5 \rangle$
l_6	$\langle a_1, a_2, a_4, a_3, a_5 \rangle$
l_7	$\langle a_1, a_3, a_2, a_4, a_5 \rangle$
l_8	$\langle a_1, a_3, a_4, a_2, a_5 \rangle$
l_9	$\langle a_4, a_1, a_2, a_3, a_5 \rangle$
l_{10}	$\langle a_4, a_1, a_3, a_2, a_5 \rangle$

(3) 严格的偏序

严格的偏序 P 是一个二元组 (R, O),其中 R 是一个有限元素的集合,$O \subset R \times R$ 是一个二元关系具有以下属性:

① 非自反性:$\forall i \in R, (i, i) \notin O$。

② 不对称性：如果$(i,j) \in O$，那么$(j,i) \notin O$。

③ 传递性：如果$\{(i,j),(j,k)\} \subset O$，那么$(i,k) \in O$。

严格的偏序关系允许一些元素的相对顺序是不明确的。哈斯图被广泛应用于描述偏序关系（如图 4-3），它是一个有向的无环图，它的结点是 R 的元素，而边是在 O 中的二元关系。根据 P 得出的一条边(i,j)表示 i 的排名高于 j。偏序的线性扩展是偏序图的所有可能拓扑排序，在所有线性扩展中任何两个元素的相对顺序都不违反 O 的二元关系。

比如，有 $p = (\{a,b,c\},\{(a,b)\})$，可知元素集合 $R = \{a,b,c\}$，二元关系 $O = (a,b)$，可得出 3 个等概率的线性扩展$\langle a,b,c \rangle$、$\langle a,c,b \rangle$和$\langle c,a,b \rangle$，即必须服从 a 排在 b 之前的相对顺序关系。

（4）记录支配

如果 $lo_i \geqslant up_j$，则表示记录 t_i 支配记录 t_j。由此可知记录支配关系是一个非自反、不对称和传递的关系。

假设不同记录的分数概率密度是相互独立的，并用 $Pr(t_i > t_j)$表示记录 t_i 的排名高于 t_j 的概率，公式（4-4）定义为下面的二重积分：

$$Pr(t_i > t_j) = \int_{lo_i}^{up_i} \int_{lo_j}^{x} f_i(x) f_j(y) \mathrm{d}y \mathrm{d}x \qquad (4-4)$$

当 t_i 和 t_j 都没有支配对方时，说明区间$[lo_i,up_i]$和$[lo_j,up_j]$相交，则 $Pr(t_i > t_j) \in (0,1)$，并且 $Pr(t_j > t_i) = 1 - Pr(t_i > t_j)$。相反，如果 t_i 支配 t_j，就有 $Pr(t_i > t_j) = 1$ 而 $Pr(t_j > t_i) = 0$。

如果 $Pr(t_i > t_j) \in (0,1)$，则称这对记录(t_i,t_j)属于一个概率偏序关系。将记录间的概率关系用二重积分的形式表示，使得计算记录的排序概率成为可能，并为下文计算线性扩展树分支的概率提供了原理基础。

（5）概率偏序

概率偏序（PPO）的定义如下：假设 $R = \{t_1,\cdots,t_n\}$ 是一组区

间的集合,每个区间 $t_i=[lo_i,up_i]$ 并且与概率密度函数 f_i 有下面的关系:

$$\int_{lo_i}^{up_i} f_i(x)\mathrm{d}x = 1 \qquad (4-5)$$

由集合 R 推导出一个概率偏序关系 $PPO(R,O,P)$,其中 (R,O) 是一个严格的偏序关系(即当且仅当 t_i 支配 t_j 时,可以得到 $(t_i,t_j)\in O$),而 P 是 R 中区间元组间的概率支配关系。

由定义可知,如果 t_i 支配 t_j,则有 $(t_i,t_j)\in O$,也就表示我们可以确定 t_i 排在 t_j 的前面。相反,如果 t_i 和 t_j 都没有支配对方,则 $(t_i,t_j)\in P$,即 t_i 和 t_j 相对顺序的不确定性可以被量化表示为 $Pr(t_i>t_j)$。

假设记录 t_i 的分值概率密度函数 f_i 定义在分数取值区间 $[lo_j,up_i]$ 上。一个确定的分值被定义在上下限相等的区间上(即 $lo_i=up_i$),并且概率值为 1。表 4-5 显示了一组满足均匀分布的记录,所以有 $f_i=1/(up_i-lo_i)$(如 $f_2=1/4$),而对于分值确定的记录(如 t_1),概率密度 $f_i=1$。

表 4-5　　　　　　　　　不确定数据模型

记录序号	分数区间	分数密度函数
t_1	[6,6]	$f_1=1$
t_2	[4,8]	$f_2=1/4$
t_3	[3,5]	$f_3=1/2$
t_4	[2,3.5]	$f_4=2/3$
t_5	[7,7]	$f_5=1$
t_6	[1,1]	$f_6=1$

图 4-4 显示了表 4-5 中记录根据分值区间及记录偏序关系形成的哈斯图,图 4-5 描述了表 4-5 中记录的 PPO 概率,通过两个记

录分值的二重积分进行计算,从图 4-6 中可以看到记录的 PPO 关系的所有线性扩展。

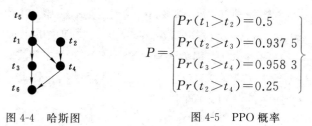

$$P = \begin{cases} Pr(t_1 > t_2) = 0.5 \\ Pr(t_2 > t_3) = 0.937\ 5 \\ Pr(t_3 > t_4) = 0.958\ 3 \\ Pr(t_2 > t_4) = 0.25 \end{cases}$$

图 4-4　哈斯图　　　　　　　图 4-5　PPO 概率

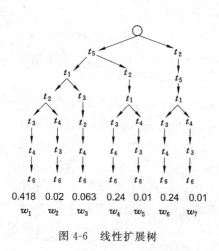

图 4-6　线性扩展树

PPO(R, O, P)的线性扩展可以构成一个线性扩展树,它的每个根结点到叶子结点的路径是一个线性扩展,即树的每个完整分支都为一个记录的线性扩展。根结点是一个虚拟结点,因为在 R 中有多个元素可能排名第一。每一个元素 $t \in R$ 出现在树中代表 t 的一个可能的排名,并且树中的第 i 层包含了所有线性扩展中排在第 i 位的所有元素。

（6）线性扩展的概率分布

线性扩展的概率值是按该线性扩展中记录的顺序，依次计算它们的分数概率密度函数积分得到的。比如：设 $w = \langle t_1, t_2, \cdots, t_n \rangle$ 是一条线性扩展，那么该线性扩展的概率 $Pr(w) = Pr((t_1 > t_2), (t_2 > t_3), \cdots, (t_{n-1} > t_n))$。由前面的定义可知事件 $(t_i > t_j)$ 不是独立的，因为任意两个连续事件就共享一个记录，比如连续事件 $(t_1 > t_2)$ 和 $(t_2 > t_3)$ 就共享记录 t_2。因此，对于 $w = \langle t_1, t_2, \cdots, t_n \rangle$，$Pr(w)$ 的定义如下：

$$Pr(w) = \int_{lo_1}^{up_1} \int_{lo_2}^{x_1} \cdots \int_{lo_n}^{x_{n-1}} f_1(x_1) \cdots f_n(x_n) \mathrm{d}x_n \cdots \mathrm{d}x_1 \quad (4\text{-}6)$$

下面将证明 PPO 的线性扩展空间满足一个概率分布。

定理 4-1 设 Ω 为 PPO(R, O, P) 的线性扩展集合，则可得出两个结论：(1) Ω 等价于 R 中所有可能排名的集合；(2) 公式 (4-6) 在 Ω 中满足一个概率分布。

证明：可以用反证法证明结论 (1)。假设 $w \in \Omega$ 在 R 中是一个无效的排名，那么就存在至少两个记录 t_i 和 t_j，它们的相对顺序是 $t_i > t_j$ 而 $lo_j \geqslant up_i$，然而这与 O 在 PPO(R, O, P) 中的定义相矛盾。同理可证，R 中任何一个有效的排序唯一对应 Ω 中的一条线性扩展，假设 R 中一条有效的排序对应至少 Ω 中的两条线性扩展，由于 Ω 中的线性扩展满足偏序关系，那么两条线性扩展中至少有一对记录 t_i 和 t_j 的顺序是相反的，而在 R 中的一条有效的排序不可能同时存在 $t_i > t_j, t_j > t_i$。

证明 (2)，首先映射每一条线性扩展 $w = \langle t_1, t_2, \cdots, t_n \rangle$ 到它的相应事件 $e = ((t_1 > t_2) \wedge \cdots \wedge (t_{n-1} > t_n))$，用公式 (4-6) 计算 $Pr(e)$ 或 $Pr(w)$。其次设 w_1 和 w_2 是 Ω 中的两个线性扩展，它们的事件分别为 e_1 和 e_2，根据定义可知，w_1 和 t_2 至少有一对记录的相对顺序是不同的。于是就有 $Pr(e_1 \wedge e_2) = 0$（任意两个线性扩展映射到互斥事件上）。最后，因为 Ω 等价于 R 中的所有可能排名 [(1) 中已经证明过了]，Ω 中元素对应的事件必须完全覆

盖概率空间也就是 1[即,$Pr(e_1 \vee e_2 \cdots \vee e_m)=1$,其中 $m=|\Omega|$]。因为所有事件 e_i 是互斥的,于是就有 $Pr(e_1 \vee e_2 \cdots \vee e_m)=Pr(e_1)+\cdots+Pr(e_m)=\sum_{w\in\Omega} Pr(w)=1$,因此公式(4-6)在 Ω 中满足一个概率分布。

(7) 线性扩展树的生成

前文讲到,我们可以通过所有的线性扩展构造一个线性扩展树,下面则介绍如何通过递归算法进行实现。我们称该算法为 Build_Tree 算法,其中 $PPO(R,O,P)$ 和一个虚拟的根结点作为算法的初始参数。如果在 R 中的元组不被任何元组所支配,则该元组能够作为根结点的一个子结点,在考虑该子结点下面的孩子结点时,要将其从 $PPO(R,O,P)$ 移除,然后再看哪些元组没有被支配。具体算法如算法 4-2 所示。

算法 4-2　Build_Tree 算法

```
Build_Tree(PPO(R,O,P),n)
    for each source
    do
            child←create a tree node for t
            Add child to n's children
            PP'O←PPO(R,O,P) after removing t
            Build_Tree(PP'O,child)
```

根据算法 4-2 能够构造完整的线性扩展树,但是如果用户只是对排在前面的 k 个记录感兴趣,我们只需要考虑创建一个 k 层的线性扩展树,即将一个完整的线性扩展树减少至线性扩展的前缀为 k 的线性扩展树。这样每一个前缀的概率则为所有拥有这个前缀的线性扩展的概率的加和,在计算方面也能够更加的方便。

假设 $w^{(k)} = \langle t_1, t_2, \cdots, t_k \rangle$ 是长度为 k 的线性扩展前缀，$T(w^{(k)})$ 是所有没有包含在 $w^{(k)}$ 中的记录，$Pr(t_k > T(w^{(k)}))$ 为元组 t_k 排序高于 $T(w^{(k)})$ 中所有元组位置的概率，令 $F_i(x) = \int_{lo_i}^{x} f_i(y) \mathrm{d}y$ 作为 f_i 的累积密度函数，则 $Pr(w^{(k)}) = Pr((t_1 > t_2), \cdots, (t_{k-1} > t_k), (t_k > T(w^{(k)})))$，其中

$$Pr(t_k > T(w^{(k)})) = \int_{lo_k}^{up_k} f_k(x) \cdot (\prod_{t_i \in T(w^{(k)})} F_i(x)) \mathrm{d}x$$

(4-7)

因此计算长度为 k 的线性扩展前缀的概率公式为：

$$Pr(w^{(k)}) = \int_{lo_1}^{up_1} \int_{lo_2}^{up_2} \cdots \int_{lo_k}^{x_{k-1}} f_1(x_1) \cdots f_k(x_k) \cdot$$

$$(\prod_{t_i \in T(w^{(k)})} F_i(x_k)) \mathrm{d}x_k \cdots \mathrm{d}x_1$$

(4-8)

(8) 线性扩展树的剪枝

假设数据库 D 满足本文的数据模型，如果在数据库 D 中有一个记录 t 至少被其他 k 个记录支配，那么就称记录 t 为"k-dominated"。例如，在图 4-4 中，记录 t_4 和 t_6 就是 3-dominated。

在 Top-k 查询时，任何 k-dominated 记录都可以被忽视。因为在实际中任何线性扩展中 k-dominated 记录都不可能占据排名前 k 的位置，所以当我们只关心排名前 k 个记录时，可以安心地把 k-dominated 记录从数据库 D 中剪掉。

本节介绍一种简单但有效的剪枝算法，就是将数据库 D 中的所有 k-dominated 记录去除，以降低算法的时间复杂度。假设 L 是按 D 中记录分数的下限 up_i 递减的顺序排列得到的序列，U 是按 D 中记录分数的上限 up_i 递减的顺序排列得到的序列。k^{th} 表示序列 L 中排在第 k 位的记录分数的下限值，也就是所有记录分数中下限 lo_i 排在第 k 位的值，pos 表示在序列 U 中第一个上限值 up_i 小于等于 k^{th} 的记录位置。因此可以得出这样的结论：在 U

中凡是位置大于等于 pos 的记录都属于 k-dominated，而这些记录在 Top-k 排序查询时可以被剪掉。

剪枝算法的主要思想就是首先在 L 中找到排在第 k 位置的记录，通过该记录在 U 中使用二分搜索来寻找 pos 的位置，算法流程图如图 4-7 所示。首先按照记录下限降序排列生成序列 L，找到其中排名为 k 的记录 t_k，然后按照记录上限降序排列生成序列 U，给 start 和 end 分别赋值 1 和序列 U 的大小。判断 start 是否大于 end，如果是，则返回 U 中位置在 pos 以上的记录；如果不

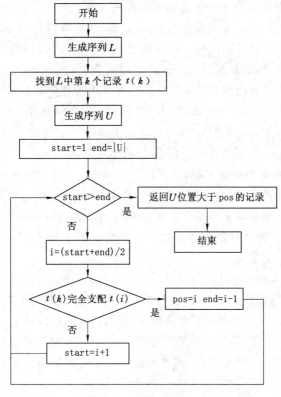

图 4-7 剪枝流程图

是,给 i 赋值为 $(\text{start}+\text{end})/2$,判断 t_k 是否完全支配 t_i,如果完全支配,记录 pos 的位置为 i,并将 end 前移为 $i-1$;如果不完全支配,则将 start 后移为 $i+1$。然后再进行 start 和 end 的大小判断。最终我们能够得到剪枝后的序列 U。

复杂度分析:在产生 L 和 U 时,对 D 的下限排序(上限排序)的复杂度为 $O(m \, log(m))$,m 为序列中记录的个数。而在寻找 pos 时的复杂度为 $O(mlog(k))$。这种情形的整体复杂度是 $O(mlog(m))$,与排序 L 和 D 的复杂度相等。

4.4.2　蒙特卡罗 Top-k 迭代查询算法实现

在得到时间序列异常集的基础上,对异常进行 Top-k 排序,实际是针对异常距离建立的分值元组,进行 k 个前缀线性扩展概率的计算,得到概率最大的元组排序组合,因此,前缀线性扩展概率的计算是解决问题的关键。在已有前缀线性扩展概率计算方法的基础上,本节提出了蒙特卡罗 Top-k 迭代查询算法(MCTop-k),对原有 MCMC 算法重点进行了 3 处改进,以满足时间序列 Top-k 异常排序的需要。

① 在判断相邻元组之间的支配关系时,传统方法是通过支配概率来比较的,如果支配概率为 1 或者 0,那么说明两个元组之间有完全支配关系。但是实际运算中,计算二重积分要增加时间复杂度,我们改为计算两个元组是否有重叠部分,如果没有,那么就存在完全支配关系。

② 因为涉及计算积分的问题,求 Top-k 时,k 为积分区间个数,当积分次数大于 5 时,会带来时间复杂度过高的问题。而在现实生活中,k 的取值范围通常较小,那么当算法检测到 $k>5$ 时,就对其进行分割,找到一个完全支配后面元组的位置,如在位置 4 或者 5,分别进行积分计算,即求两次 Top-4 或者 Top-5,可以有效地减少时间复杂度。

③ 针对文献中 MCMC 方法结果依赖于初始状态的问题,由

随机选取 k 个位置变为遍历前缀中的 k 个位置,计算当前状态下最大前缀线性扩展概率,并根据此概率值决定是否继续进行分支的状态转移,每次得到唯一的 Top-k 排序结果。

具体算法过程见算法 4-3。

算法 4-3   MCTop-k

输入:时间序列数据集;

输出:Top-k Discord

算法开始

Step 1   选择一组数据,写成异常分支区间的形式。

Step 2   根据 Discord 中异常分值的区间,得到支配关系。

Step 3   根据支配关系,将元组的所有线性扩展用树的形式表示。

Step 4   随机选择树的一个分支,记为状态 S_0。

Step 5   在 S_0 中随机选择一个没有记录的位置 r,$1 \leqslant r \leqslant k$,并记录 r 位置的元组记为 t_r,若 t_r 不完全支配 $t_{(r+1)}$ 并且 r 不等于 k,则将 t_r 下移一位,得到状态 S_1,反之则继续进行 step 5。

Step 6   比较 S_0 的 k 前缀概率 $Pr(S_0)$ 和 S_1 的 k 前缀概率 $Pr(S_1)$ 的大小,若 $Pr(S_1) > Pr(S_0)$,则将 S_1 状态记为 S_0 状态,并跳到 step 5。若 $Pr(S_1) < Pr(S_0)$,则 t_r 继续下移,得到新的 S_1,继续进行 step 6。

Step 7   若 S_0 中 $[1,k]$ 的位置都被选择,而没有被另一个状态替换,则选择状态 S_0 作为最后状态。

End

4.4.3   实验结果及分析

(1)蒙特卡罗 Top-k 迭代查询算法准确性实验及分析

本节实验数据采用表 4-5 中的内容,由于该算法是在 MCMC 方法的基础上进行的改进,所以本小节主要验证本章提出算法能够返回概率最大的 Top-k 数据。

表 4-6 所示为 MCTop-k 算法在表 4-5 中的数据上进行运算

得到的结果。第一列为 k 值，在程序运行时由人工输入，根据输入 k 的取值，返回包含 k 个记录的结果。第二列为算法运行后得到的结果，可以看出，结果排在每一个位置的元组都是相同的。第三列为 MCTop-k 算法在运行时得出的 Top-k 前缀的概率，通过蒙特卡罗方法对积分进行计算。第四列为图 4-6 线性扩展树中对应位置的概率，通过共有前缀进行计算所得。比如，当 k 值为 3时，前缀为 t_5, t_1, t_2，其概率可以通过将分支 w_1 和 w_2 的概率相加得到，$0.418 + 0.02 = 0.438$。

表 4-6   **蒙特卡罗 Top-k 迭代查询结果**

k 值	运行结果	近似概率	原概率
1	t_5	0.75	0.75
2	t_5, t_1	0.5	0.483
3	t_5, t_1, t_2	0.433 3	0.438
4	t_5, t_1, t_2, t_3	0.413 3	0.418
5	t_5, t_1, t_2, t_3, t_4	0.413 3	0.418
6	$t_5, t_1, t_2, t_3, t_4, t_6$	0.413 3	0.418

从表 4-6 中近似概率和原概率可以看出，在计算前缀概率的时候，通过蒙特卡罗近似求解的方法所得结果和标准结果相差不大。而运行结果对应的元组，通过与图 4-6 线性扩展树进行比对，发现不论 k 取何值，都能够返回概率最大的一组 Top-k 记录。

上述实验，证明了 MCTop-k 算法在准确性方面具有有效性，能够在符合均匀分布的不确定记录中，返回概率最大的一组 Top-k 记录。由此成功对 MCMC 方法返回一系列 Top-k 记录进行了优化。

（2）效率分析

在执行时间方面，MCTop-k 算法包括剪枝构建线性扩展树和迭代查找两个部分,而 MCMC 算法包括剪枝构建线性扩展树和构建可能结果两个部分。由于 MCMC 方法返回的是 Top-k 数据的集合,需要找到一个马尔可夫链的平稳状态,而 MCTop 算法是不断找到概率更高的线性扩展树分支,从而返回最大概率的分支,所以在运行时间上面对两种算法进行比较。

如图 4-8 所示,该实验选取表 4-5 中的数据,通过取不同的 k 值记录两种算法的运行时间,为了得到较为精确的时间值,在代码中添加了有关计算运行时间的部分,并且将相同的程序运行 10 次取平均值作为实验结果。通过图 4-8 可知,k 值越高,MCMC 方法的运行时间越长,而 k 值的选取对 MCTop 方法的影响并未出现持续线性增长的趋势。

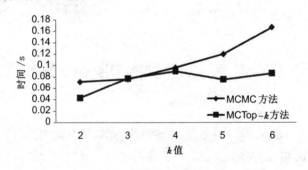

图 4-8　k 值对时间的影响

由于两种方法都涉及构建线性扩展树的部分,而区间之间重叠的元组的个数对于构建的线性扩展树的分支数会有很大的影响,所以在表 4-5 数据的基础上,添加部分元组,构造不同个数的重叠区间,观察重叠区间个数对 MCTop 算法的影响,其中 k 的值分别取 5 和 10。

图 4-9 所示为重叠区间个数对运行时间的影响,由于重叠的区间个数越多,所构建的线性扩展树越多,并且是呈指数个数增长

的,因此运行 MCTop-k 算法与 MCMC 算法受重叠区间的影响效果类似,随着元组重叠区间个数增多,运行时间相应增加,且时间增加幅度会越来越大,因此,两种方法都不宜用于积分区间过多的情况。

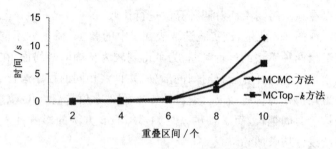

图 4-9 重叠区间个数对运行时间的影响

4.5 不确定连续时间序列的 Discord 查询算法

4.5.1 算法改进的思路

Discord 查询算法只需要考虑一个参数,就是被看作是异常的子序列的长度为多少。该算法很容易实现并且能够得到准确的结果。但是传统 Discord 算法的时间复杂度为 $O(m^2)$,其中 m 是一条序列中点的个数,这样的复杂度无法满足大多数应用场景的处理需求。

下面给了两点改进算法的运行时间的建议:

(1)在内层循环的时候,我们不必真的找到当前子序列对应的最近邻居。只要我们找到任何的子序列,比 best_so_far_dist 距离当前子序列更近,那么我们可以在内存循环中舍弃那个子序列,并且能够得到当前的子序列不为时间序列的异常。

(2)上述优化的效果取决于外层考虑的待选异常子序列的顺

序和内存循环中找与其进行匹配的子序列的顺序。

上面两点建议只是对其原始算法进行了一下细小的调整，具体的实现如算法 4-4 所示。

算法 4-4　启发式异常检测算法

Function $[dist, loc] = $ Heuristic_Search($T, n,$ Outer, Inner)

  best_so_far_dist $= 0$

  best_so_far_loc $=$ NaN

  For Each p in Tordered by heuristic Outer　　// Begin Outer Loop

    nearest_neighbor_dist $=$ infinity

    For Each q in Tordered by heuristic Inner　// Begin Inner Loop

     IF $|p - q| >= n$　　　　　　// Non-self-match

      IF Dist $(t_p, \cdots, t_{p+n-1}, t_q, \cdots, t_{q+n-1}) <$ best_so_far_dist

       Break　　　　　　　　// Break out of Inner Loop

      End

      IF Dist $(t_p, \cdots, t_{p+n-1}, t_q, \cdots, t_{q+n-1}) <$ nearest_neighbor_dist

       nearest_neighbor_dist $=$ D $(t_p, \cdots, t_{p+n-1}, t_q, \cdots, t_{q+n-1})$

      End

     End　　　　　　　　　　// End non-self-match test

    End　　　　　　　　　　　// End Inner Loop

   IF nearest_neighbor_dist $>$ best_so_far_dist

    best_so_far_dist $=$ nearest_neighbor_dist

    best_so_far_loc $=$ p

  End

  End　　　　　　　　　　　　// End Outer Loop

该方法通过对 BF_DD 算法做了两方面的调整，一方面是在外层循环中访问子序列时候的顺序，另一方面是在内层循环中访问子序列的顺序。该算法对外层循环只使用了一次，但是内存循环时要考虑当前的候选子序列，通过这样能够重新产生一个外层

循环的遍历序列。

通过方法的改进,在时间复杂度上面有了一个提升,由 BF_DD 算法的 $O(m^2)$ 变成了 $O(m)$,并且在处理无噪声的时间序列的时候,能够返回较为准确的结果。但是,当时间序列中含有噪声时,该方法所得的异常位置发生了偏差,如图 4-2 所示。

4.5.2 Discord 的分值及区间的确定

为了解决任意分布的时间序列的异常检测问题,并且使检测结果不出现偏差,本小节对 BF_DD 算法的查询结果进行处理,改写成区间的形式,使其满足均匀分布。由于 4.4 节中提出的 MC-Top-k 算法能够解决数据为均匀分布的时间序列的问题,故将 4.4 节与本节内容相结合,即可解决所需问题。

用 BF_DD 方法计算出 Top-k 个时间序列异常,由于结果有偏差,因此在所得的异常位置的周围各取 s 个点($s \ll m$,m 为时间序列数据个数),形成区间 $[p-s, p+s]$,由于 $2s$ 的区间范围非常小,因此在该区间内距离分值可以看作均匀分布;取这 $2s$ 个子序列对应距离分值的最小值和最大值作为分值区间的下限和上限,记为一个元组。

与确定性数据排序算法相同,元组的分值也是影响不确定数据排序的一个重要因素。在时间序列异常检测中,我们把子序列之间的非自身匹配距离计为分数,距离越大,说明异常越明显,同样的分值也就越高。在噪声数据的影响下,子序列之间的距离计算会受到影响,因此该距离的数值也会在某个实际数值的周围上下波动,符合某种概率分布,但该分布函数很难获得,因此无法直接运用公式(4-4)计算 Top-k 异常的概率。但是通过在异常点附近取点并且形成距离区间的方式,能够将其视为均匀分布。由于是根据距离形成的区间,而距离的大小又影响元组的排序,因此给元组的区间进行打分,分数越高,距离越大,异常越明显。

4.5.3　实验结果及分析

本章实验选择 Windows XP SP3 操作系统、Intel(R) Core (TM)2 Duo CPU 和 2G 物理内存作为实验环境,采用了三组数据集:Ma[77]、Input 和 Res[78],其中,数据集 Ma 是长度为 1 200 的模拟正弦波时间序列,加入 10 处异常数据序列;数据集 Input 为电磁辐射强度监测数列,采样间隔 0.5 s,共 7 252 个数据,包含实际异常位置 10 处;数据集 Res 记录了监测对象"睡着—醒来"过程中心率变化的情况,异常位置显示了各状态的变化,共 2 500 个数据。三种数据符合不同的分布,有的甚至没有明确的分布,本章实验采用这三组数据进行实验,表示数据来源是满足任意分布的。

如图 4-10 所示,显示了数据集 Ma、Input 和 Res 在没有加噪音条件下通过 BF_DD 算法得到的 Top-5 异常。实验中将 4.5.2 节所提算法命名为 MCTop_DD 算法(MCTop-k Discord Discovery 算法),将传统 Brute Force 异常检测算法命名为 BF_DD 算法,对两种算法的异常检测的准确率和检测时间两个技术指标进行算法有效性的说明。

4.5.3.1　准确率实验及分析

在三个数据集上面应用调用 BF_DD 算法计算 Top-k discord 的位置并记为标准结果,引言中已经提到,若数据集中含噪,则会使检测结果发生偏差。为了验证 BF_DD 算法和 MCTop_DD 算法在数据集含噪的情况下,结果是否和未加噪声时相符,对三个数据集分别添加对应长度的高斯白噪声。添加噪声采用 Matlab 工具,根据公式 noise=$V * \text{randn}(N * 1)$产生高斯白噪声(N 与三个数据集的长度相对应,V 对应方差),然后将其与对应的数据集相加,得到添加白噪声后的数据。

得到添加白噪声的数据以后,再次调用 BF_DD 算法,计算 Top_k discord 的位置,记为比较结果 1;在结果 1 的基础上,通过区间化处理,构造概率密度函数为均匀分布的元组,在元组区间上

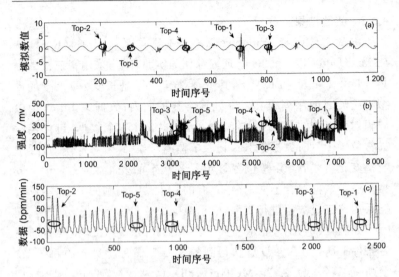

图 4-10　数据集 Ma、Input 和 Res Top-5 异常

(a) Ma；(b) Input；(c) Res

调用本文算法 MCTop_DD 算法，对结果 1 进行重新排序，记为比较结果 2。针对比较结果 1 和比较结果 2，分别与标准结果进行比较，得到匹配个数（同一位置出现同一元组则记为匹配），计算其准确度＝匹配个数/k。

图 4-11 所示为 Ma 数据集的准确率，其横坐标表示在数据集 Ma 上面添加的白噪声的方差，方差越大，噪声的波动幅度越大；纵坐标为准确率，1 表示准确率为 100％，0.8 表示准确率为 80％，以此类推。从图 4-11 中可以看出，随着方差的增加，MCTop_DD 算法和 BF_DD 算法的准确率都在慢慢下降，这是因为 Ma 数据集中的数据本身数值较小，只有几个异常位置的值能超出[−3,3]的范围，其他的正常值都在[−1.5,1.5]之间。加入的噪声方差超过 0.7 以后基本上就将原有数据和异常序列破坏掉了，所以算法无法再精确地找到异常序列，准确率越来越

低。而加入小于 0.7 方差的噪声后,MCTop_DD 算法仍然有较高的准确率,甚至一度为 100%,相比之下 BF_DD 算法的准确率则比较低。除去方差对结果有影响,k 值的选取也对结果有影响。k 值选取得越大,需要找到的异常序列就越多,对于数据集 Ma 来说,后面的异常序列波动较小,在添加噪声之后产生的影响就大,会对准确率产生影响。

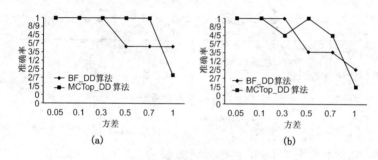

图 4-11　Ma 数据集准确率

(a) $k=4$;(b) $k=5$

通过对于数据集 Ma 的实验可以看出,噪声方差的大小对于 MCTop_DD 算法和 BF_DD 算法的准确性有很大的影响,在噪声方差合理的情况下,MCTop_DD 算法在准确率方面普遍高于 BF_DD 算法,在含噪的不确定时间序列中能够准确地得到 Top-k 异常数据。

图 4-12 所示为在加噪后的数据集 Input 上运用 MCTop_DD 算法和 BF_DD 算法得出结果 2 和结果 1 后,分别与标准结果进行准确率比对的实验结果。图例包含两个算法,图 4-12(a)中只显示一条线表示两个算法的结果一样。从图 4-12 中可以看出,方差和 k 值对于 MCTop_DD 算法的影响较小,MCTop_DD 算法在含噪的时间序列中得到的 Top-k 异常结果和 BF_DD 算法在不含噪的时间序列中得到的结果基本一致。而对于 BF_DD 算法在含噪的

Input 数据集上运行后得到的结果来看,k 为 4 时准确率较高,当 k 为 5 时在方差为 8 和 12 的地方准确率降低,说明得出的 Top-k 异常中某些异常序列的位置发生了变化。

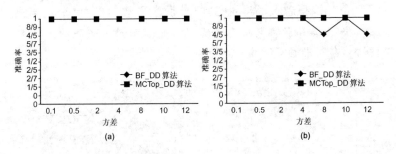

图 4-12　Input 数据集准确率

(a) $k=4$;(b) $k=5$

　　通过对数据集 Input 的实验可以看出,噪声方差和 k 取值的大小对于 MCTop_DD 算法的影响较小,对于 BF_DD 算法的影响较大,在含噪数据集上获取 Top-k 异常数据方面,MCTop_DD 算法相比 BF_DD 算法有较高的准确率。

　　如图 4-13 所示为在加噪后的数据集 Res 上运用 MCTop_DD 算法和 BF_DD 算法得出结果 2 和结果 1 后,分别与标准结果进行准确率比对的实验结果。从图中可以看出,不论 k 为 4 还是 5,MCTop_DD 算法和 BF_DD 算法得出的结果完全一致。从图4-13 中可以看出,当 k 为 4 时方差对准确率没有影响;当 k 为 5 时,随着方差的增加,两算法的准确率下降到了 80%。从整体来看,MCTop_DD 算法在准确率方面和 BF_DD 算法一致。原因在于,Res 数据集较 Ma 和 Input 两个数据集的周期性不明显,其变化趋势较为平缓,噪声数据的加入基本不会影响数据的变化趋势,因此 BF_DD 算法本身的检测结果就已经十分准确,此时再运用 MCTop_DD 算法效果则不明显。

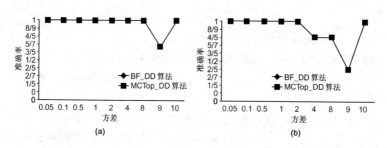

图 4-13 数据集 Res 准确率

（a）$k=4$；（b）$k=5$

从图 4-11、图 4-12 和图 4-13 所示实验结果可知,对于不同的数据集,添加噪声时方差的选取和 k 值的选取都会对 Top-k 异常结果的准确率产生影响。通过分析,我们可以发现,MCTop_DD 算法在处理含噪时间序列异常时的准确率普遍高于或等于 BF_DD 算法,能够将因 BF_DD 算法偏离位置的异常恢复过来。

通过对 MCTop_DD 算法准确率的分析可知,MCTop_DD 算法在模拟正弦波时间序列、电磁辐射瓦斯浓度监测序列和监测对象“睡着—醒来”过程中心律变化的情况等时间序列的 Top-k 异常检测中都能够得到较好的结果。而这三种数据分别为有周期明显或不明显的数据,且分布情况未知。因此,我们可以将 MCTop_DD 算法应用到任意分布的含噪的时间序列的 Top-k 异常检测中,在传感器数据检测、医疗和气象等领域都能起到一定的作用。

4.5.3.2 计算时间实验及分析

4.5.3.1 节中在准确率方面证明了 MCTop_DD 算法的有效性,本节主要在执行时间方面对其有效性进行验证。由于本章提出的算法（MCTop_DD）包括 BF_DD 算法和 MCTop 算法两部分,因此算法执行的时间为 BF_DD 算法和 MCTop 算法时间总和。为了得到较为精确的时间值,在代码中添加了有关计算运行时间的部分,并且将相同的程序运行 10 次取平均值作为实验结果。

(1) 文件容量对计算时间的影响。

如图 4-14 所示为文件容量对时间的影响。其中横坐标表示文件中含有的数据个数,纵坐标表示得到最后的 Top-k 异常序列需要花费的时间。其中,采用的数据集分别为 Ma,Input,Res 和 fig,它们对应的文件包含数据个数分别为 1 200、2 500、7 250 和 15 000。首先通过公式给 4 个数据集添加白噪声,使其成为含噪的数据,然后在数据集上面运行 BF_DD 算法,将结果记录为结果 1;对 BF_DD 算法产生的结果进行区间化处理,每个数据集得到 7 个概率密度函数满足均匀分布的元组,在这些元组的基础上,运行 MCTop_DD 算法,其中取 k 值为 4,将结果记录为结果 2,然后将结果反映到图 4-14 中。

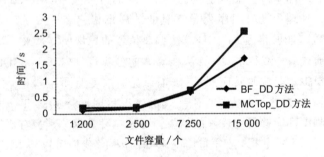

图 4-14 文件容量对时间的影响

可以看出,文件容量对 BF_DD 的执行时间有一定的影响,容量越大算法执行时间越长,计算时间和数据容量成正相关。而容量对 MCTop_DD 方法的影响则并不规律,甚至在数据量为 2 500 的时候,所需时间比数据量为 1 200 的时候还短。这是因为 MCTop_DD 方法是在 BF_DD 方法的基础上进行计算,从第 3 章可知,计算时间与区间重叠的元组个数有很大的关系,而与元组的个数关系不大,重叠的元组越多,消耗的计算时间越长。虽然文件容量对于这两个算法影响都很大,但是如果拿两个方法进行比较可以发现,本文算法和 BF_DD 算法运行时间几乎相同,而时间有差别也是由于存在大量重叠区间造成的。

（2）k 值对计算时间的影响。

如图 4-15 所示为 k 值对时间的影响。横坐标表示 k 的取值,纵坐标表示算法运行时间。进行该实验采用的数据集为 fig,容量大,运行时间较高且对比明显。考虑到 BF_DD 算法运行后存在异常的偏差,所以在计算总时间的时候,将前面 BF_DD 算法的时间按照取 k 为 7 进行记录,然后再记录蒙特卡罗迭代算法的时间,将两者的时间加在一起得到 MCTop_DD 算法的时间。

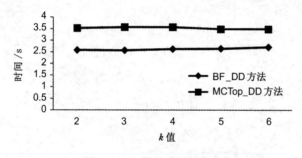

图 4-15　k 值对时间的影响

从图 4-5 可以看出,k 值的选取对于本文算法运行时间没有太大的影响,但是,本文算法在运行时间上却稍逊于 BF_DD 算法。

4.6　小结

本章针对突出电磁监测数据中大量存在的突变干扰模式,提出一种基于时间序列 Discord 模式检测的突变干扰模式识别方法。首先,针对噪声数据对时间序列异常检测结果的影响问题,提出蒙特卡罗 Top-k 迭代查询算法,解决了含噪时间序列的 Top-k

排序问题;其次,对异常值进行区间处理,从而实现连续时间序列的 Top-k 异常排序算法。最后,通过对模拟数据和突出电磁强度数据的实验表明,MCTop_DD算法较传统时间序列异常检测方法的异常检测准确率有明显提高,在运行时间上增加的时间也不会造成太大的影响。

第 5 章 突出前兆趋势的模式 识别方法

5.1 引言

本章将在前述章节的基础上,研究煤与瓦斯突出前兆模式的识别方法。目前基于硬件的突出灾害检测,总是设定一些基于经验的异常阈值,根据这些阈值对监测数据进行分析,若发现超出阈值的情况,就进行灾害预警。为了确保安全,异常阈值通常设定为远低于经验指标的一个数值,因此,当有灾害报警时,操作人员要根据现场实际情况进行判断,且这种判断只能结合当前监测数据和操作人员自身经验,无法进行较为有效的分析,所以灾害预警的精度低且不具有实际的可操作性。

在前述章节的基础上,本章提出了一种概率流数据灾害异常检测方法——"基于趋势分析的灾害异常检测算法"(Trend Analyses based Disaster Anomaly Detection algorithm,TA_DAD)。该算法解决问题的思想来源于矿井灾害都遵从"量变到质变"的变化过程,因此,从初期的"模式异常"出发,对监测数据的模式异常概率进行分析,若是生产工艺、人为因素或环境变化造成的非灾害性异常,数据形态的变化会随着时间的推移回归到正常范围,或呈现局部的波动性,但不会长时间偏离正常状态,甚至偏离的程度持续增加;而对于真正的突出灾害,爆发前监测数据通常会持续偏离正常范围并有逐渐增加的趋势。因此,以第 3 章提出的非突出型

"模式异常"为出发点,对异常概率进行趋势分析,获得系统内所有监测数据的模式异常变化趋势,若整体的模式异常概率持续增加,则说明有发生突出灾害的可能,否则说明暂时没有发生突出灾害的可能性,停止网络报警,系统恢复到正常监测状态,从而提供更加准确和更有操作性的灾害检测方法。

5.2 相关知识

5.2.1 瓦斯突出的趋势分析

本节选取邓明等在文献[79]中采用的瓦斯突出案例,说明矿井灾害异常发生过程及本文提出在模式异常的基础上进行灾害异常检测的思路。

文献[79]中的案例选取晋城无烟煤矿业集团寺河煤矿的 3 号煤层为背景,给出了瓦斯浓度的变化情况,正常时期瓦斯浓度变化如图 5-1 所示,浓度变化幅度较小(0.1%~0.6%)。2007 年 5 月 20 日 13 时 22 分,工作面发生了瓦斯突出,突出前后的瓦斯浓度变化如图 5-2 所示。

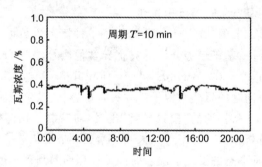

图 5-1　寺河煤矿 6 号联络巷正常掘进时期瓦斯浓度变化图

由图 5-1 和图 5-2 可知,正常生产时期,监测数据的形态变化

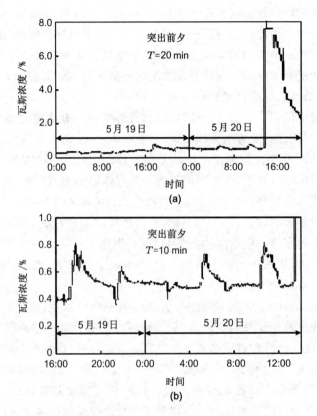

图 5-2　寺河煤矿 6 号联络巷突出前夕瓦斯浓度变化图

幅度很小,整体形态基本稳定,只在工作面检修或推进速度较快时数据形态变化较大,代表瓦斯浓度有所波动(4:30 和 14:10 前后),但是随着外界影响事件的结束,数据形态又迅速回到了稳定状态。因此,从图 5-2 可以说明,运用数据形态变化(即本文第 3章提出的模式异常的概念)来进行异常检测,可以适用于突出监测数据,因为这类数据整体上的特性表现为"均匀分布于某个数值的区间范围内",在不同日期的不同时刻,瓦斯浓度都应该在正常范围内波动。因此,正常情况下,监测数据与标准数据之间的"距离"也应该在一个均匀的范围内波动,如果超出了这一范围,则说明有异常情况发生,但是,这种异常情况究竟是不是矿井灾害造成的异常,则必须从异常发展的趋势来进行判断。

对比图 5-1 和图 5-2 可以看出,外界干扰对瓦斯浓度的影响是"暂时性"的,随着事件的结束"异常状态"会迅速消失,而真正的突出异常对于瓦斯浓度的影响是持续性的。图 5-2 中显示,从 5 月 19 日 0:00 开始,工作面附近含瓦斯煤体出现动力失衡,瓦斯浓度呈现上升趋势,分别在 19 日 17:40、21:50 和 20 日 5:40、11:00 出现了较大的峰位,20 日 13:20 曲线呈现巨大的变化,瓦斯涌出呈强烈的涨势。根据事故分析知,该工作面于 13:22 发生了煤与瓦斯突出,从图 5-2(b)中不难看出,突出前瓦斯浓度变化幅度、变化频率明显增大。

从 19 日 0:00 到 20 日 13:20 煤与瓦斯突出发生,这个过程中瓦斯浓度的变化是明显的,区别于暂时性的外界事件造成的异常现象,灾害性异常对于监测数据的影响通常具有"持续性"和"广泛性",体现了从"量变"到"质变"的这一哲学过程,因此,运用"模式异常"检测数据微小的量变过程,运用"模式异常趋势分析"区别"临时异常"和"灾害异常",并将异常趋势进行概率化描述,可以得到"更快速、更可靠、更具有操作性"的灾害预报结果。

文献[80]指出:工作面的瓦斯浓度分形盒维数达到临界值的时间到瓦斯突出的时间,有一定的间隔时间,这一段时间可称之为煤与瓦斯突出的预警时间。现有资料表明,由于各工作面的地质条件、工艺过程和技术管理方面存在较大差异,因此煤与瓦斯突出预警时间各不相同,如 B 矿井的预警时间为 19 h,而 C 矿井的两次突出中,预警时间分别为 38 h 和 15 h。提出预警时间的概念的意义,这段时间是人们进行"防突"工作的时间,为实施防突措施,减少或消除突出事故损失创造条件。

本文所述突出灾害检测方法适用于具有类似变化趋势的煤矿井下灾害的检测,但是为了说明方便,同时由于笔者仅搜集到突出前夕的瓦斯浓度相关数据,因此后续章节的算法思想及算法步骤都以瓦斯浓度监测数据为例进行说明,但对于其他类型的灾害数据同样适用。

5.2.2　基于趋势分析的异常检测方法概述

趋势分析的异常检测方法是将时间序列的预测技术应用在异常检测当中,通过建立预测模型,对待测数据进行预测,将预测值与真实值进行比较,得到异常检测的结果。时间序列的预测方法包括:基于模型的预测方法(AR 模型[81]、ARMA[82]),基于回归分析的方法[83]、基于混沌分析的方法、基于神经网络的方法、基于支持向量机[56]的方法、卡尔曼滤波技术和有限状态自动机(FSA-z)等等。因此,针对不同的预测方法进行异常检测,产生了繁多的异常检测方法,主要的研究成果包括:

(1) 文献[84]中作者把趋势定义为线性回归线的斜率,但这种定义方式主要存在三个问题:首先,时间尺度很难选定,趋势在不同时间段内会呈现出较大的差异;其次,线性回归线的斜率对趋势的模拟过于粗糙,无法精细地刻画出趋势的中短期波动;最后,这种线性拟合的复杂度太高,不适合不断进化的数据流环境。

(2) 文献[56]提出了基于支持向量回归(support vector regression)模型的算法,可以在线发现时态序列的新颖事件。采用SVR 模型对历史时间序列建立回归模型,判断新到来的序列点与SVR 回归模型的匹配程度,考察连续一段时间内的匹配情况,给出其为新颖事件的置信度。

(3) 文献[57]在解决多数据流的异常检测问题时,对数据流的趋势进行了定义:给定一数据流与两个滑动窗口,其长度分别为α、β、$swa_{\alpha,t}$ 与 $swa_{\beta,t}$ 分别表示在时间 t 时刻,滑动窗口内的均值,

则 $swad_t = swa_{a,t} - swa_{\beta,t}$,文中通过计算两个不同滑动窗口的均值之差来跟踪趋势。

(4) 文献[45]研究了传感器网络环境下的异常检测问题,并运用历史数据建立了一个数据驱动的自回归模型,从而实现流数据环境下的快速、增量式的异常检测,同时无需事先对待测数据进行分类处理。

5.2.3 基于趋势分析的矿井灾害预测方法概述

(1) 基于时间序列的方法:熊斌[85]等对鱼田堡煤矿矿井涌水量进行短期的预测,根据该矿矿井涌水量长期观测数据和降雨量数据,应用时间序列分析的方法,结合矿区实际情况,对矿区降雨量与各水平涌水量的相关性分析和渗透系数加权分析,并对结果进行残差分析,建立数学模型;程健等[86]利用混沌时间序列短期可以预测的特点,构建煤矿瓦斯浓度预测模型。根据 Takens 理论,重构煤矿瓦斯浓度相空间,分别采用伪近邻法确定相空间的嵌入维数 m ,最小互信息法确定相空间时延 τ ,然后在重构相空间中,运用加权一阶局域法构建煤矿瓦斯浓度的预测模型。徐精彩[87]等应用分形理论对矿井瓦斯涌出时间序列进行分析,证明正常时期和火灾发生时期瓦斯涌出量的概率密度分布都满足分形分布,时间序列轨迹都具有明显的分形特征。王汉斌[80]运用分形-混沌理论对煤与瓦斯涌出时间序列进行研究。

(2) 基于统计的方法:文献[88]以潞安矿区五阳煤矿 3# 煤层为例,对甲烷含量进行了多元地质因素回归分析。结果表明,逐步回归模型不仅符合瓦斯地质理论,而且比单因素回归模型具有更高的预测精度,更符合瓦斯赋存的真实情况。

(3) 基于神经网络的方法:神经网络方法是非线性系统预测的有效工具,因此,采用各种神经网络技术对矿井灾害进行预测,取得了丰富的研究成果[89,90]。

(4) 其他方法:孙艳玲等[91]采用模糊聚类分析对煤与瓦斯突出

的样本集合进行分类,建立不同突出程度的模糊模式,用关联分析确定待预报样本与模式的关联程度,以此预测预报样本的煤与瓦斯突出危险程度;在传统支持向量机"一对一"分类算法的基础上,文献[92]研究了突出危险性模式识别的核函数构造原理和算法。得出了煤与瓦斯突出及非突出的掘进工作面的监测瓦斯浓度的时域特征向量、频域特征向量、小波域特征向量、分形与混沌特征向量。

5.3 基于趋势分析的灾害异常检测算法

5.3.1 煤矿概率流数据灾害异常检测的定义

由 5.2.1 节的实例分析可知,突出灾害对于监测数据的影响通常具有"持续性"和"广泛性",因此,在发现了监测数据发生"模式异常"的前提下,要区分"灾害性异常"和"非灾害性异常",必须从两个方面对"模式异常"进行分析:

(1)"全局性":通常,发生矿井灾害时,处在监测系统中的所有监测设备采集到的数据应该都有不同程度的异常现象产生,而对于"非灾害性异常",影响因素所在的区域,监测数据产生异常,而其他没有受到影响的区域,监测数据还处于正常状态。

(2)"持续性":从 5.2.1 节的实例分析中可知,矿井灾害发生前,环境状态的变化是一个持续的过程,过程中数据会呈现波动性,有时会回落到正常范围,只凭当前监测状态的检测结果,很难进行正确的灾害预警,因此,必须对模式异常变化趋势进行跟踪分析,对于长期发生异常、异常程度有逐渐增大趋势的现象,基本可以判断发生矿井灾害的可能性较大。

从以上两点出发,本节给出灾害异常检测的定义,首先作如下符号说明:

① 设突出监测预警系统内共有 m 个监测设备,如不加说明,下文的监测设备都是指资源受限设备;

② 本章采用数据流界标窗口模型，$T_1,T_2,\cdots,T_n$ 表示窗口处理过的时间区间，例如 $T_1=[1\ s,10\ s]$，$T_2=[11\ s,20\ s]$，$\cdots$，且总有 $T_1<\cdots<T_{n-1}<T_n$，即 T_n 是离当前最近的时间区间；

③ 设监测设备 i，在 T_j 上的概率相似距离为 X_j^i，由 3.3.3 节可知，随机变量 X_j^i 满足正态分布 $N(\mu_{j,i},\delta_{j,i}^2)$，其中均值 $\mu_{j,i}$ 和方差 $\delta_{j,i}^2$ 可根据监测数据在线计算得到；

④ 设监测设备 i，在时间区间 T_j 上的模式异常概率为 τ_j^i，$\tau_j^i=\Phi\left(\dfrac{r_{\text{ref}}^2-\mu_{j,i}}{\delta_{j,i}^2}\right)$，其中 r_{ref}^2 是两个标准监测数据在概率 τ_0 下计算得到的概率相似距离阈值；

⑤ 设监测设备 i，在已经过去的 $T_1,T_2,\cdots,T_n$ 的序列中，每个时间区间 T_j 上设备 i 都要计算出当前窗口内的监测数据与标准数据之间的模式异常概率，表示为 $\tau_1^i,\tau_2^i,\cdots,\tau_j^i$，对于 m 个监测设备，得到整个突出监测预警系统在 $T_1,T_2,\cdots,T_n$ 上的全局模式异常概率矩阵：

$$\tau_{m,n}=\begin{bmatrix} \tau_1^1 & \tau_2^1 & \cdots & \tau_n^1 \\ \tau_1^2 & \tau_2^2 & \cdots & \tau_n^2 \\ \cdots & \cdots & \cdots & \cdots \\ \tau_1^m & \tau_2^m & \cdots & \tau_n^m \end{bmatrix}$$

在上述矩阵中，行表示某个监测设备，列表示某个时间区间，如 τ_2^3 就表示从系统启动开始的第 2 个时间区间 T_2 上标号为 3 的监测设备的模式异常概率，所有时间区间及监测设备状态如图 5-3 所示。在以上符号说明的基础上，得到如下定义：

定义 5-1 突出监测预警系统中的灾害异常检测是指：设全系统包含 m 个监测设备，在过去的 n 个时间区间上的模式异常概率矩阵为 $\tau_{m,n}$，如何根据 $\tau_{m,n}$，检测系统上的模式异常是否为灾害性异常。

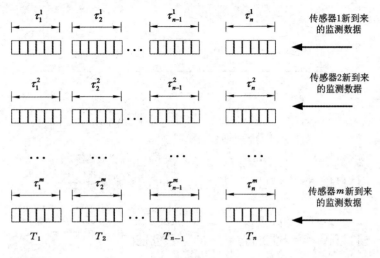

图 5-3 全系统数据流窗口模型

定义 5-2　$\lambda_j = \dfrac{1}{m}\sum_{i=1}^{m}\tau_j^i$ 称为突出监测预警系统在时间区间

T_j 上的全局模式异常概率，λ_j 代表了系统在时间区间 T_j 上的整体模式异常状态。

定义 5-3　设当前时间区间为 T_n，突出监测预警系统在未来 $n+l$ 个时间区间上的全局模式异常概率序列为：$\lambda(n+l)=\{\lambda_{n+1},\lambda_{n+2},\cdots,\lambda_{n+l}\}$。

可见，突出监测预警系统中的灾害异常检测的问题，就是根据系统过去的 n 个时间区间上的模式异常概率矩阵 $\tau_{m,n}$，预测得到未来 $n+l$ 个时间区间上的全局模式异常概率序列 $\lambda(n+l)$，并对 $\lambda(n+l)$ 进行趋势分析，若具有逐渐增大的趋势，则可以得到灾害异常发生的检测结果，其过程可以描述为图 5-4。

5.3.2　算法思想及分析

通过 5.2.3 节介绍的已有研究成果可以看出，目前基于趋势分

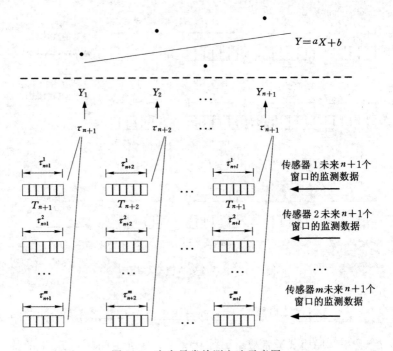

图 5-4　灾害异常检测方法示意图

析的矿井灾害预测方法,多是采取非线性预测,但是由于突出灾害的复杂性,非线性预测模型的建立通常会十分复杂,预测算法的时空复杂度较高,因此这样的预测方法对于突出监测预警系统来说是不合适的,本文对于突出数据的灾害预测仍然采用传统的线性回归预测模型,关键问题有两点:第一,如何运用线性预测模型对非线性问题进行预测;第二,如何在正常监测数据的基础上对异常数据(突出灾害)进行预测。针对这两个问题,本章的算法思想如下:

　　问题一:在流数据处理环境下,基于窗口的划分方法,将序列数据分割为较小的数据片段,根据本文第 3 章的叙述,流数据窗口的宽度一般取小于 30 会得到更好的模式异常检测效果,因此,窗口内的数据可以近似看作满足线性关系,运用线性预测模型误差较小。

问题二:

(1) 趋势分析:

图 5-5 显示了正常时期瓦斯浓度和突出前夕瓦斯浓度模式异常概率的对比结果(取 $w=12, \delta_u = \delta_v = 0.05, F=0, \tau_0 = 0.5$)。从图中可以得到这样的结论:正常时期和瓦斯突出前夕的模式异常概率都表现出一定的波动性,从整体的趋势上看,正常时期的模式异常概率均值低于 0.5,而突出前的模式异常概率均值大于 0.5;同时,从图 5-6 的异常概率线性拟合效果来看,正常时期模式异常概率基本趋于一条水平线,说明虽然数据有波动,但整体上都在一个较为固定的范围内;而瓦斯突出前夕模式异常概率明显高于正常时期,且异常概率的整体趋势是呈递增性变化的,与正常时期有较大的偏离。

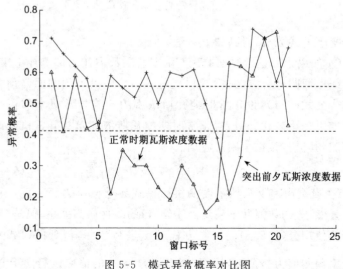

图 5-5　模式异常概率对比图

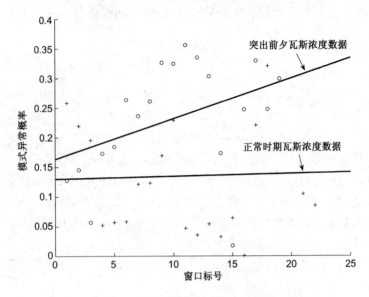

图 5-6　模式异常概率拟合效果图

基于上述分析,得到如下结论:

① 如果采用正常时期的瓦斯浓度监测数据作为训练样本集,运用线性回归分析方法进行回归参数估计,假设得到的回归预测方程为公式(5-1),设正常时期瓦斯浓度的模式异常概率均值为 $\bar{\tau}$,则如果运用公式(5-1)对正常时期的瓦斯浓度模式异常概率进行预测,其值应该在 $\bar{\tau}$ 附近波动。

$$\hat{\tau}_{k+1} = \hat{\beta}_0 + \hat{\beta}_1 \tau_1 + \cdots + \hat{\beta}_k \tau_k \qquad (5-1)$$

② 设突出前夕瓦斯浓度的实际模式异常概率为 $\{\gamma_1, \gamma_2, \cdots, \gamma_n\}$,显然 γ_i 的数值并不满足公式(5-1)的线性回归关系,但是,如果仍然使用公式(5-1)的回归方程对 γ 进行预测,得到的模式异常概率预测值为 $\{\hat{\gamma}_1, \hat{\gamma}_2, \cdots, \hat{\gamma}_n\}$,均值为 $\bar{\hat{\gamma}}$,$\bar{\hat{\gamma}}$ 的值应该趋向于 $\bar{\tau}$,因此我们可以得到如下规律:

规律 1：若 $\gamma_i > 0.5$，因为 $\hat{\gamma}_i \rightarrow \bar{\tau}$，且 $\bar{\tau} < 0.5$，则必然存在 $\hat{\gamma}_i < \gamma_i$。

规律 2：若 $\bar{\tau} < \gamma_i < 0.5$，因为 $\hat{\gamma}_i \rightarrow \bar{\tau}$，即 $\hat{\gamma}_i$ 与 τ_i 在同一范围，则必存在 $\hat{\gamma}_i \approx \gamma_i$。

规律 3：若 $\gamma_i < \bar{\tau}$，特别地，当 γ_i 远小于 $\bar{\tau}$ 时，因为 $\hat{\gamma}_i \rightarrow \bar{\tau}$，则必存在 $\hat{\gamma}_i > \gamma_i$。

对于瓦斯突出前夕的监测数据，从图 5-7 可以看出，绝大部分是满足规律 1 的，只有极少部分的数据满足规律 2 和规律 3。因此，从整体上来看，预测数值应该小于真实数值，因此，可以表示为 $\hat{\gamma}_i + \varepsilon = \gamma_i (\varepsilon > 0)$ 的形式，下面来看如何度量 ε 值。

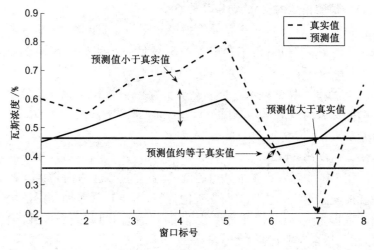

图 5-7　预测值与真实值之间的关系

（2）误差调整：假设突出前夕瓦斯浓度模式异常概率的真实值为 $\{\gamma_1, \gamma_2, \cdots, \gamma_n\}$，均值为 $\bar{\gamma}$，预测值为 $\{\hat{\gamma}_1, \hat{\gamma}_2, \cdots, \hat{\gamma}_n\}$，均值为 $\bar{\hat{\gamma}}$，则预测残差的均值为 $\dfrac{1}{i} \sum\limits_{i=1}^{n} (\gamma_i - \hat{\gamma}_i)$，该值表示了已获得的预

测值与真实值之间的误差程度。因此,对于窗口 $j+1$ 的预测值 $\hat{\gamma}_j$,其值与真实值 γ_j 之间应该满足关系:

$$\gamma_j \approx \hat{\gamma}_j + \frac{1}{n}\sum_{i=1}^{n}(\gamma_i - \hat{\gamma}_i) \quad (n < j) \qquad (5\text{-}2)$$

当然,这种误差调整方法仅适合于规律 1 的情况,对于规律 2 和规律 3 不适用,因此突出前夕的瓦斯浓度模式异常概率若低于 τ_0,则调整后的预测值误差反而会增加,但由于这种低于 τ_0 的情况毕竟是少数,因此误差增加的情况也是少数,只需要选择方法对极少数出现的预测值误差增大的情况进行滤除,就可以得到较为精确的预测结果。

5.3.3 预测模型的建立、调整及检验

根据 5.3.2 节对于灾害异常检测算法的思想的阐述,要实现突出灾害异常的检测,主要内容就是对全局模式异常概率序列 $\hat{\tau}(n+l) = \{\hat{\tau}_{n+1}, \hat{\tau}_{n+2}, \cdots, \hat{\tau}_{n+l}\}$ 的预测及序列趋势的分析,要得到全局模式异常概率序列 $\hat{\tau}_{n+1}^i, \hat{\tau}_{n+2}^i, \cdots, \hat{\tau}_{n+l}^i$ 首先需要获得单一监测设备的预测序列,因此本节阐述针对一个监测设备的模式异常概率预测方法。

5.3.3.1 线性回归预测方程的建立

根据 5.3.2 节的算法思想的阐述,首先选取正常时期的瓦斯浓度监测数据进行线性回归方程的计算,由于正常时期瓦斯浓度监测数据大量存在,因此可以获得精度较高的回归预测方程;同时,运用正常时期瓦斯浓度监测数据可以预先建立回归预测方程,检测时直接根据预测方程对不断到来的数据进行预测,可以更好地提高灾害异常检测效率。

预测模型的处理窗口采用 3 层嵌套结构,如图 5-8 所示,其结构描述如下:

(1) 第一层为基本滑动窗口时间区间 T_i,设 T_i 中包含监测数据个数为 l_1,监测数据取值不同时($l_1 \geqslant 30$ 或者 $l_1 \leqslant 30$),根据

3.3.3 节的讨论,将采用不同的模型计算模式异常概率 τ;

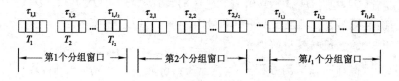

图 5-8　预测模型的三层窗口结构

（2）第二层将时间区间进行分组,每组由 l_2 个时间区间窗口组成,每组包含 $l_2 \times l_1$ 个监测数据;

（3）第三层包含 l_3 个分组窗口,共 $l_1 \times l_2 \times l_3$ 个监测数据。

在图 5-8 所示的窗口结构中,令第一个分组窗口中包含 T_1,T_2,$\cdots$,T_{l_2} 个时间区间,对应时间区间计算得到的模式异常概率为 $\tau_{1,1}$,$\tau_{1,2}$,$\cdots$,τ_{1,l_2};运用多元线性回归的思想,设第 $l_2 + 1$ 个时间区间 T_{l_2+1} 上的概率相似度 $\tau_{2,1}$ 与 $t_{1,1}$,$t_{1,2}$,$\cdots$,τ_{1,l_2} 之间满足线性关系:

$$\tau_{2,1} = \beta_0 + \beta_1 \tau_{1,1} + \beta_2 \tau_{1,2} + \cdots + \beta_{l_2} \tau_{1,l_2} \tag{5-3}$$

该线性方程共包含 $l_2 + 1$ 个参数,因此至少需要 $l_2 + 1$ 个方程构成方程组才能得到参数 β_0,$\cdots$,β_{l_2} 的值,即必须满足 $l_3 \geqslant l_2 + 1$,得到如下方程组:

$$\tau_{2,1} = \beta_0 + \beta_1 \tau_{1,1} + \beta_2 \tau_{1,2} + \cdots + \beta_{l_2} \tau_{1,l_2} + \varepsilon_1$$
$$\tau_{3,1} = \beta_0 + \beta_1 \tau_{2,1} + \beta_2 \tau_{2,2} + \cdots + \beta_{l_2} \tau_{2,l_2} + \varepsilon_2$$
$$\vdots$$
$$\tau_{l_3,1} = \beta_0 + \beta_1 \tau_{l_3,1} + \beta_2 \tau_{l_3,2} + \cdots + \beta_{l_2} \tau_{l_3,l_2} + \varepsilon_{l_3} \tag{5-4}$$

$$令\ \boldsymbol{Y} = \begin{bmatrix} \tau_{2,1} \\ \tau_{3,1} \\ \cdots \\ \tau_{l_3,1} \end{bmatrix}, \boldsymbol{\beta} = \begin{bmatrix} \beta_0 \\ \beta_1 \\ \cdots \\ \beta_{l_2} \end{bmatrix}, \boldsymbol{D} = \begin{bmatrix} 1 & \tau_{1,1} & \cdots & \tau_{1,l_2} \\ 1 & \tau_{2,1} & \cdots & \tau_{2,l_2} \\ \cdots & \cdots & \cdots & \cdots \\ 1 & \tau_{l_3,1} & \cdots & \tau_{l_3,l_2} \end{bmatrix}, \boldsymbol{\varepsilon} = \begin{bmatrix} \varepsilon_0 \\ \varepsilon_1 \\ \cdots \\ \varepsilon_{l_3} \end{bmatrix}$$

其中 ε 是满足 $N(0,\delta^2)$ 的白噪声数据,由最小二乘法求得:$\boldsymbol{\beta}=(\boldsymbol{D}^{\mathrm{T}}\boldsymbol{D})^{-1}(\boldsymbol{D}^{\mathrm{T}}\boldsymbol{Y})$,其中 $\boldsymbol{D}^{\mathrm{T}}$ 为 $\boldsymbol{D}$ 的转置矩阵,由 $(\boldsymbol{D}^{\mathrm{T}}\boldsymbol{D})^{-1}(\boldsymbol{D}^{\mathrm{T}}\boldsymbol{Y})$ 确定的参数 β 满足误差平方和最小。

5.3.3.2 预测模型的调整

得到回归预测方程 $\hat{\tau}_{l_3}=\hat{\beta}_0+\hat{\beta}_1\tau_1+\hat{\beta}_2\tau_2+\cdots+\hat{\beta}_{l_2}\tau_{l_2}$ 后,运用该方程对瓦斯浓度的模式异常概率进行预测,会产生一定的误差,误差从构成上来说,主要分为三部分:

(1)线性方程描述非线性灾害数据造成的误差:由于选取时间窗口宽度 w 一般较小,因此窗口内的数据可以近似看作满足线性关系,且我们针对 l_2 个窗口的模式异常概率建立线性回归预测方程,若 l_2 选取较小时,$\tau_1,\tau_2,\cdots,\tau_{l_2}$ 也近似满足线性关系,因此这部分误差相对较小。

(2)回归预测方程本身产生的误差:回归预测方程本身产生的误差,可以计算得到误差的置信度区间,对误差进行估计。

(3)将正常时期瓦斯浓度监测数据建立的回归预测模型应用到突出前夕瓦斯浓度所造成的预测误差:这类误差在瓦斯突出前数据预测时,表现出较强的规律性,即满足 $\hat{\gamma}_i+\varepsilon=\gamma_i$ 的关系,因此,可以令 $\varepsilon_n=\dfrac{1}{n}\sum_{i=1}^{n}(\gamma_i-\hat{\gamma}_i)$,则 $\gamma_j\approx\hat{\gamma}_j+\varepsilon_n$,$n$ 为已经获得的监测数据。

5.3.3.3 模型的检验

预测模型调整后,在应用该方程进行预测时,必须同时要对预测模型进行检验。通过 5.3.2 节的阐述可以看到,如果是突出前夕,预测值与真实值之间满足关系 $\hat{\gamma}_i+\varepsilon=\gamma_i$,因此,通过误差调整方法,最终的预测 $\hat{\gamma}_i{}'$ 与 $\hat{\gamma}_i$ 比较,误差应该接近或更小,若 $\hat{\gamma}_i{}'$ 的误差比 $\hat{\gamma}_i$ 的误差大,则说明调整方法不正确,即说明预测值与真实值之间不满足关系 $\hat{\gamma}_i+\varepsilon=\gamma_i$,可以将该值排除不进行下一步计算。

此处,本文选取相对误差的均值作为参数,比较调整模型是否有效,平均相对误差为:

$$\chi_1 = \frac{1}{nw} \sum_{j=1}^{w} \sum_{i=1}^{n} \frac{|\gamma_{ij} - \hat{\gamma}_{ij}|}{\gamma_{ij}} \tag{5-5}$$

$$\chi_2 = \frac{1}{nw} \sum_{j=1}^{w} \sum_{i=1}^{n} \frac{|\gamma_{ij} - \hat{\gamma}'_{ij}|}{\gamma_{ij}} \tag{5-6}$$

假设窗口对应的时间区域为 j,某个监测设备共预测了 n 个窗口,在第 i 次预测实验中,j 窗口的模式异常概率实际值为 γ_{ij},预测值为 $\hat{\gamma}_{ij}$,调整后预测值为 $\hat{\gamma}'_{ij}$,在实验中共预测了 w 次,则通过 w 此预测得到平均相对误差,见公式(5-5)和公式(5-6)。若 $\chi_2 \leqslant \chi_1$,说明模型有效,继续对预测值 $\hat{\gamma}'_{ij}$ 进行趋势分析;否则,则说明模型无效,说明此时监测设备上的数据属于正常数据,无需进行灾害异常检测。

5.3.4　全局模式异常概率序列的趋势分析

5.3.3 节针对一个监测设备通过建立线性回归预测模型得到模式异常概率的预测值 $\hat{\tau}_{n+1}^i$,并对预测值进行检验,满足预测模型的检测设备将模式异常概率的预测值发送到突出监测预警系统的服务器,即可获得 $\hat{\tau}_{n+1}$。要获得预测序列 $\hat{\tau}(n+l) = \{\hat{\tau}_{n+1}, \hat{\tau}_{n+2}, \cdots, \hat{\tau}_{n+l}\}$,必须对各个监测设备进行连续预测,可以采取单步预测的方法,也可以多步预测。为了说明简单,本节以单步预测为例,阐述对预测序列 $\hat{\tau}(n+l) = \{\hat{\tau}_{n+1}, \hat{\tau}_{n+2}, \cdots, \hat{\tau}_{n+l}\}$ 进行趋势分析的方法。

如图 5-9 所示,若当前时间区间为 T_n,运用预测模型可以得到 T_{n+1} 区间上的模式异常概率 $\tau_{n+1}^1, \tau_{n+1}^2, \cdots, \tau_{n+1}^m$,各个监测设备将各自预测得到的模式异常概率进行检测,满足预测模型的继续发送至服务器,在服务器计算得到全局模式异常概率 $\lambda_{n+1} =$

$\frac{1}{m}\sum_{i=1}^{m}\tau_{n+1}^{i}$；同理，可获得 $T_{n+1},T_{n+2},\cdots,T_{n+l-1}$ 区间上的瓦斯浓度模式异常概率并计算得到 $\tau_{n+1}^{1},\tau_{n+2}^{2},\cdots,\tau_{n+2}^{m},\cdots,\tau_{n+l}^{1},\tau_{n+l}^{2},\cdots,\tau_{n+l}^{m}$，从而得到全局模式异常概率序列 $\lambda_{n+1},\cdots,\lambda_{n+l}$。设 p 为 $\lambda_{n+k}>\tau_{0}$ 的次数，$\kappa=p/l$ 为全局模式异常的频率。随着监测数据的不断到来，在服务器继续计算 $\lambda_{n+2},\cdots,\lambda_{n+l+1},\cdots$。计算重复 w 次，每次的全局模式异常频率为 κ_{i}，若均有 $\kappa_{i}>\kappa_{0}$，κ_{0} 为全局模式异常频率阈值，说明全簇模式异常概率数值上大于 τ_{0}，并有持续的趋势，由此可以得出检测结果为灾害性异常的结论。

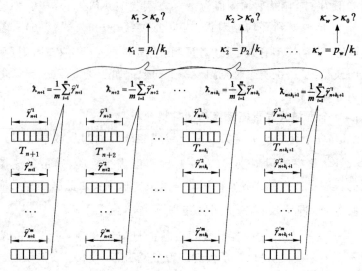

图 5-9　全局模式异常概率序列趋势分析图

5.3.5　算法步骤

设当前时间区间为 T_{n}，若在 T_{n} 区间上检测到模式异常发生，则将启动煤矿概率流数据挖掘系统的灾害异常检测功能，各监测设备分别对下一个时间区间 T_{n+1} 进行模式异常概率的预测，并将此预测值通过路由选择算法选择合适的路径发送给挖掘系统的服务器，服务器计算全局模式异常概率 $\lambda_{n+1} = \dfrac{1}{m} \sum\limits_{i=1}^{m} \tau_{n+1}^{i}$，继续预测得到 $\lambda_{n+2}, \cdots, \lambda_{n+l}$，得到 $\kappa_1 = p_1 / l$，重复此过程 w 次，若均有 $\kappa_i > \kappa_0$，得到灾害异常是否发生的检测结果，基于趋势分析的矿山 WSN 灾害异常检测算法具体步骤如下：

（1）准备阶段

运用正常时期的瓦斯浓度检测数据构建回归预测方程，设概率流数据模型的窗口宽度取 l_1，每组包含窗口（时间区间）取 l_2，共计 l_3 组，$\tau_{i,j} (i \in [1, l_3], j \in [1, l_2])$ 表示第 i 个分组中第 j 个窗口的异常概率，根据公式（5-4），构造单个检测设备的回归预测方程：

$$\hat{\tau}_{l_3} = \hat{\beta}_0 + \hat{\beta}_1 \tau_1 + \hat{\beta}_2 \tau_2 + \cdots + \hat{\beta}_{l_2} \tau_{l_2}$$

选择不同的 l_2 值（即回归系数），并将预测方程应用于正常时期瓦斯浓度模式异常概率的预测，通过与真实值的比较，获取残差最小时的 l_2 值及预测方程。

（2）预测阶段

所有监测设备都根据各自的回归预测方程对模式异常概率进行预测，设预测对应的时间区间为 $T_{n+1}, \cdots, T_{n+k_1}$，则得到回归预测值 $\hat{\gamma}_{n+1}, \cdots, \hat{\gamma}_{n+k_1}$ 和调整值 $\hat{\gamma}'_{n+1}, \cdots, \hat{\gamma}'_{n+k_1}$，令 $\hat{\gamma}'_{n+1} = \hat{\gamma}_{n+1}$，$\hat{\gamma}'_{n+i} = \hat{\gamma}_{n+i} + \dfrac{1}{i-1} \sum\limits_{j=1}^{i-1} (\gamma_{n+j} - \hat{\gamma}_{n+j})$ $(1 \leqslant i \leqslant k_1)$，并计算平均相对误差 $\chi_1 = \dfrac{1}{wk_1} \sum\limits_{j=1}^{w} \sum\limits_{i=n+1}^{n+k_1} \dfrac{|\gamma_{ij} - \hat{\gamma}_{ij}|}{\gamma_{ij}}$ 和 $\chi_2 = \dfrac{1}{wk_1} \sum\limits_{j=1}^{w} \sum\limits_{i=n+1}^{n+k_1} \dfrac{|\gamma_{ij} - \hat{\gamma}_{ij}'|}{\gamma_{ij}}$，若 $\chi_2 \geqslant 2\chi_1$，则该监测设备上的模式异常概率预测值不发送至服务器，否则该监测设备将后继的所有模式异常概率预测值发送至服务器，直至不满足预测模型为止。

（3）检测阶段

在服务器端对所有发送来的模式异常概率预测值求全局模式异常概率 $\lambda_{n+1} = \frac{1}{m} \sum\limits_{i=1}^{m} \hat{\gamma}_{n+2}^{i}, \cdots, \lambda_{n+l} = \frac{1}{m} \sum\limits_{i=1}^{m} \hat{\gamma}_{n+l}^{i}$ 计算 p_1 为 λ_{n+1}, $\lambda_{n+2}, \cdots, \lambda_{n+l}$ 中 $\lambda_{n+i} > \tau_0 (1 < i < k)$ 的次数,并求全局模式异常的频率 $\kappa_1 = p_1/l$。

重复阶段(2),并计算全局模式异常频率 $\kappa_1, \cdots, \kappa_w, \kappa_i$,若均有 $\kappa_i > \kappa_0$,说明全局模式异常概率数值上大于 τ_0,并有持续的趋势,因此可以得出检测结果为灾害性异常的结论。

5.4 实验及结果分析

5.4.1 实验数据

本文以井下瓦斯突出为典型性异常,说明本文提出的 TA_DAD 算法执行的有效性。因为很难获得来自现场的瓦斯突出前夕的监测数据,而文献[93]中所述煤层瓦斯浓度变化幅度(0.1%~0.6%)与作者已掌握的瓦斯浓度监测数据的幅度范围基本一致,因此,本文以文献[18]中瓦斯突出前夕监测数据为例,运用本文提出的基于趋势分析的灾害异常预测算法,进行瓦斯突出灾害的预测。

为了从图片中获取源数据,必须首先进行数据的采集操作,主要包含两个主要内容:

(1)根据图片信息提取数据源;

(2)设置合适的采样间隔。

在第二步操作中,已掌握的正常瓦斯浓度监测数据的采样间隔为 5 min,因此对提取数据选取了相同的采样间隔。提取后获取的突出前夕瓦斯浓度数据与正常时期瓦斯浓度数据对比如图5-10所示。将图(a)与图(b)进行对比可以看出,因为数据提取软件主要根据图片的关键点进行采样并进行数据拟合,因此,提取数据与真实监测数据在细微形态上有一定差距,但是数值的幅度变化不大。由于采用概率数据模型描述,本身就隐含了数据在某时刻的数值处于一个变化的区间范围内,因此,这种细微的差距不会影响 TA_DAD 算法的性能及执行结果。

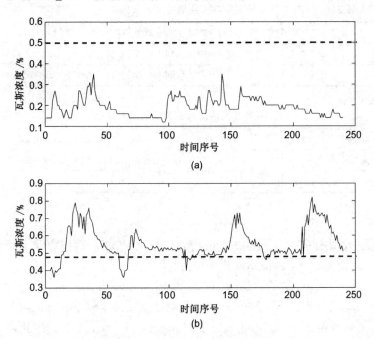

图 5-10　不同时期瓦斯浓度监测数据对比

(a) 正常时期瓦斯浓度监测数据;(b) 突出前夕瓦斯浓度监测数据

5.4.2　算法验证

(1) 计算正常时期瓦斯浓度监测数据的 r_{ref}^2 值

选取 $\tau_0 = 0.5$,窗口宽度 $w = 12$,选取两天的正常瓦斯浓度数据,采样间隔 5 min,一天共 288 个数据,共得到 24 组 r_{ref}^2 数值,$\overline{r_{ref}^2} = 1.252\ 6$,令 $r_{ref}^2 = 1.252\ 6$。

（2）计算正常时期瓦斯浓度监测数据模式异常概率

计算正常时期的瓦斯浓度监测数据的模式异常概率,其结果见表 5-1 和表 5-2。

表 5-1　　　　7 月 6 号瓦斯浓度监测数据异常概率值

(1)	(2)	(3)	(4)	(5)	(6)	(7)	(8)	(9)	(10)	(11)	(12)
0.65	0.50	0.55	0.58	0.33	0.51	0.46	0.36	0.32	0.28	0.21	0.38
0.14	0.18	0.08	0.65	0.71	0.58	0.62	0.55	0.36	032	0.28	0.35

表 5-2　　　　7 月 16 号瓦斯浓度监测数据异常概率值

(1)	(2)	(3)	(4)	(5)	(6)	(7)	(8)	(9)	(10)	(11)	(12)
0.6	0.41	0.59	0.42	0.44	0.21	0.35	0.35	0.30	0.23	0.19	0.30
0.24	0.15	0.19	0.63	0.62	0.59	0.71	0.73	0.43	0.27	0.15	0.23

（3）计算回归方程

设回归系数为 3,即 $\tau = \beta_0 + \beta_1 \tau_1 + \beta_2 \tau_2 + \beta_3 \tau_3$,运用表 5-1 和表 5-2 中数据计算得到预测模型为:

$$\tau = 0.303\ 3 + 0.051\ 0\tau_1 - 0.130\ 7\tau_2 + 0.364\ 1\tau_3 \qquad (5-7)$$

运用公式(5-7)对正常时期瓦斯浓度模式异常概率和突出前夕瓦斯浓度模式异常概率进行预测,得到图 5-11 和图 5-12。对比两图后可以看出,正常时期的瓦斯浓度模式异常概率运用预测模型得到的预测结果与实际值交叠在一起,正常值和预测值的均值一致。当实际值>0.5 时,预测值<实际值;当实际值≤0.5 且>0.3 时,预测值≈实际值;当实际值≤0.3 时,预测值>实际值。由于真实值的模式异常概率波动较大,因此真实值和预测值交叠在一起。

对于突出前夕的瓦斯浓度监测数据的模式异常概率,真实值和预测值基本呈现出较为清晰的规律:$\hat{\gamma_i} + \varepsilon = \gamma_i$,即预测值和真实值之间相差一个 ε 值。由前述分析可知,由于突出前夕瓦斯浓

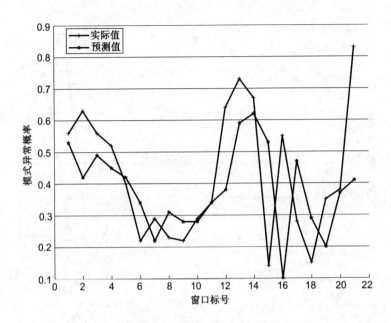

图 5-11　正常时期异常概率预测值与实际值之间关系

度监测数据的模式异常概率基本上都大于 0.5(数据呈现模式异常状态),因此,运用回归预测方程预测得到的数值应该小于实际值。但由于个别数据时期数据的波动性,凡是浓度回落到正常状态的时间区间,计算得到的模式异常概率小于 0.5,此时就会得到预测值≥真实值的情况,但这种情况出现的次数很少,因此不会影响趋势分析的结果,也就不会影响灾害异常检测的结果。

　　由上述分析结果可知,本章提出的线性回归预测模型的调整策略是符合实际的,为后续算法的执行奠定了基础。

5.4.3　灾害异常检测效果分析

　　本实验选择回归系数 $l_2=4$ 和 $l_2=5$ 的回归预测方程进行灾害异常的检测(后续实验证明,回归系数取 4 时预测误差相对较

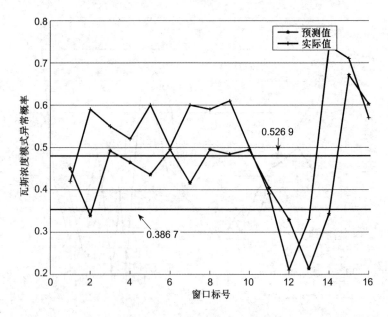

图 5-12　突出前异常概率预测值与实际值之间关系

小),并对检测效果进行分析,设置全局模式异常概率序列长度 $l=4$,全局模式异常频率阈值 $\kappa_0=0.5$,实验重复 5 次,检测效果如图 5-13 和 5-14 所示。

　　对于图 5-13,待测数据长度为 240(个),窗口宽度 12,因此共得到 20 个连续的时间区间窗口,也即 20 个模式异常概率值,由于回归系数取 4,因此可以得到 16 个预测数值。假设所在监测设备满足预测模型,将这 16 个预测值都发送至服务器,服务器综合所有的监测设备发送来的模式异常概率,当取全局模式异常概率序列长度 $l=4$ 时,假设前 3 个数据用于模型有效性检测,则会得到 13 个全局模式异常概率。对 13 个全局模式异常概率连续进行 5 次 $\lambda > \tau_0$ 的统计 p_i,求 $\kappa_i = p_i/l$,可以看出,κ_i 均大于 $\kappa_0=0.5$,因

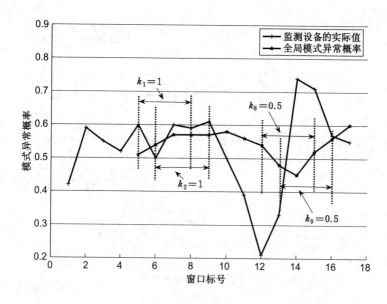

图 5-13　TA_DAD 算法检测效果($l_2=4$)

此,算法检测到了灾害异常的发生。图 5-14 所示的算法检测效果相同,其过程类似,不再详述。

5.4.4　检测误差分析

本实验测试了瓦斯突出前夕监测数据模式异常概率在不同回归系数的条件下,TA_DAD 取得的相对误差,并与文献[56]中直接运用线性回归模型进行数据流预测的 PredStream 算法进行了比较,取公式(5-6)中的相对误差作为比较参数,得到如下结论:

结论 1:图 5-15 分析了在不同回归系数的条件下,TA_DAD 算法和 PredStream 算法的误差对比,从图中可知,在回归系数小于 5 时,两种算法的误差率近似,且直接运用回归预测方法的误差相对较低;在回归系数大于 5 时,TA_DAD 算法的误差率明显小于 PredStream 算法。从文献[56]可知,直接运用回归分析方法进

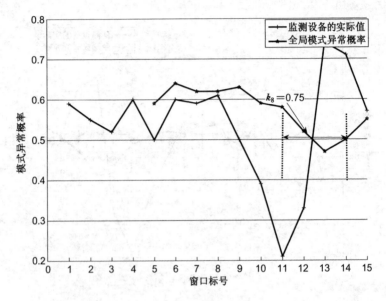

图 5-14 TA_DAD 算法检测效果($l_2 = 5$)

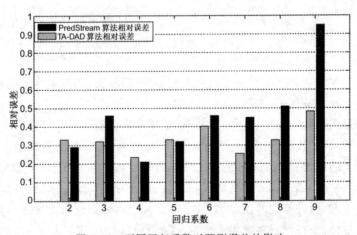

图 5-15 不同回归系数对预测误差的影响

行数据流趋势预测,回归系数等于 8 时相对误差最小,而在本文的实验中可以看到,这一结论对于突出监测数据并不成立,充分说明了突出监测数据是一个非线性系统的客观事实。

结论 2:图 5-16 和图 5-17 针对突出前夕瓦斯浓度监测数据和正常时期瓦斯浓度监测数据,运用 TA_DAD 算法和 PredStream 算法,比较执行过程中平均相对误差的变化,检测算法的稳定性,取回归系数为 4,取全局模式异常概率序列长度 $w=5$,因此检测过程共 10 组数据。对于突出前夕瓦斯浓度的模式异常概率的计算,不同窗口(随时间推移窗口序号不断增大)内的平均相对误差表现出较强的规律性,即 TA_DAD 算法与 PredStream 算法相比,都略大于后者,但是窗口 8 和窗口 9 的区间内,TA_DAD 算法的平均相对误差明显增大,说明此部分数据对于 TA_DAD 算法的不适用性;从原始数据中对比可以看出,这个时期瓦斯浓度恰巧又回落到了正常浓度范围,因此检测数据不符合预测模型,调整模型方法反而造成预测误差的增加。这一结论在正常时期的瓦斯浓

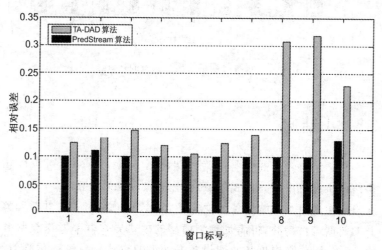

图 5-16　突出前夕平均相对误差变化($l_2=4$)

度数据的预测结果(图 5-17)可以更加明显地体现,由于所有数据均处在正常范围,因此 TA_DAD 算法的预测结果明显远大于直接运用回归分析方法的预测值,体现了调整策略的不适用性,对比实验说明,通过平均相对误差的比较,可以较好地发现真正灾害异常数据,能够得到更为准确的突出前兆识别结果。

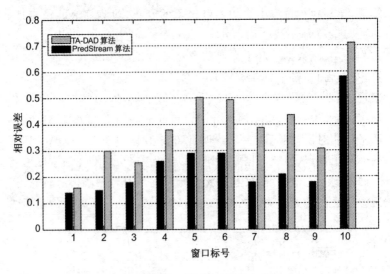

图 5-17　正常时期平均相对误差变化($l_2 = 4$)

5.5　小结

基于趋势分析的灾害异常检测(TA_DAD)算法通过提取趋势信息实现突出前兆模式的识别,分为客户端和服务器端两部分。客户端实现单个检测设备的模式异常概率的预测、调整,并对调整后的数据进行检验,将满足预测模型的模式异常概率发送至服务器;在服务器端,根据各监测设备发送来的模式异常概率预测值,生成全局模式异常概率序列,并对序列趋势进行分析,最终得到是否发生突出灾害的检测结果。仿真实验通过对一次真实瓦斯突出前夕的瓦斯浓度进行算法测试,证明了 TA_DAD 算法思想的合理性,并对检测效果、检测误差进行了分析和说明,验证了算法的有效性。

第6章 不均衡突出数据的
分类方法研究

6.1 概述

近年来,随着传感器及物联网技术的发展,从数据的速度到存储容量都发生了质的变化,从大数据处理到智能决策支持,对传统数据驱动的学习方法都提出了严峻的考验。尽管传统的机器学习及数据挖掘方法在研究及实际应用领域均取得了巨大的成功,但是面对数据集分布不均衡的问题,仍然显示出了诸多全新的研究课题及方向。

本书的前面五章,对煤与瓦斯突出数据干扰模式检测及前兆模式识别的研究,均基于数据集中不同类数据均匀分布的假设条件。但是众所周知的情况是:突出事故是小概率事件,与大量正常监测数据相比,其数据量存在极大的不均衡性,即突出前兆数据远远小于正常监测数据。若数据集中不同类别样本的数据量存在较大差别,将对机器学习及数据挖掘算法的结果产生较大影响,因此,不均衡数据学习方法的研究自2000年开始逐渐引起学术界及工业界的关注,并持续成为热点问题。但是,该问题并未在已有的煤与瓦斯突出前兆识别及智能预警中引起重视。本章,首先对不均衡数据学习的基本概念及研究进展进行综述;其次,针对突出电磁辐射数据,提出一种针对不均衡时间序列的分类方法,该方法在提取序列有效特征的基础上,构造数据集的特征空间,在此特征空间的基础上进行过抽样,构造均衡的时序数据集,以此提高传统分类器的分类准确率。最后,采用标准不均衡数据集对本文提出的方法进行实验验证,实验结果充分显示了所提方法的有效性。

6.2　不均衡数据学习概述

6.2.1　煤与瓦斯突出电磁监测数据的不均衡性分析

图 6-1 是某矿一个月的电磁辐射监测数据,共计 8 197 个数据。图中 3 月 5 日 10:00 的序列表示发生了煤与瓦斯突出事故,我们将事故发生之前 1 天的监测数据(3 月 4 日的序列)标记为突出前兆数据,这部分数据是我们真正关注和希望准确识别的对象,其总量为 209 个数据,其余 7 988 个数据均标记为正常状态数据。若我们将突出前兆数据作为正类(positive)和少数类(minority class),而正常状态数据作为负类(negative)和多数类(majority class),则这个数据集的不均衡比例 Imbalance Rate(IR)为 7 988/209＝38.22。实际中,该不均衡率可能更大。而通常将不均衡比例大于 2 的数据集都视为不均衡数据集。对于传统机器学习方法,保证大多数样本具有较高的分类准确率,在此例中,即使正常数据全部分类正确,而突出前兆数据全部分类错误,整体样本的分类准确率仍然能够达到 97.45%。显然,这样高的准确率对于突出监测预警系统来说是完全没有意义的。由此分析可以得知,以保证多数样本准确率为前提的传统机器学习方法不能满足不均衡数据集的学习要求。同时,我们也可以看出,对于不均衡数据集的学习,数据集均衡方法、评价标准及算法优化等若干方面均存在亟待解决的挑战性问题。

6.2.2　不均衡学习的定义及问题分析

不均衡数据学习(imbalance learning)是指在数据分布偏斜的情况下进行数据表示(data representation)及信息抽取(information ex-

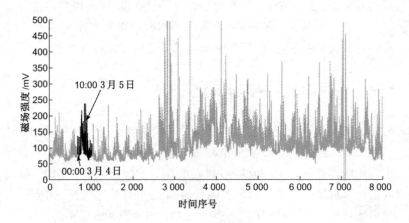

图 6-1 煤与瓦斯突出电磁辐射监测数据

traction)的过程,以获得决策支持所需的有效决策平面[94]。

为了说明不均衡数据集对传统机器学习方法产生的影响,本节运用传统支持向量机分类器对 UCR 的 ECG200 数据集进行分类,结果如图 6-2 所示。为了保证图中多数类(五角星)样本的准确率,分类器的超平面明显是偏向于少数类(圆点)样本的。文献[95]中给出了少数类和多数类的误差下界,见公式(6-1)和(6-2),其中 N_{sv}^+ 和 N_{sv}^- 为正、负支持向量的个数,N^+ 和 N^- 为正、负类样本的个数,$M = \sum_{yi=+1} \alpha_i = \sum_{yi=-1} \alpha_i$。由于 $N^+ \ll N^-$,所以正类的误差远大于负类的误差,这也就解释了不均衡数据集针对传统支持向量机模型正类的分类误差偏大的原因。

$$\frac{N_{sv}^+}{N^+} \geqslant \frac{M}{N^+ \times C} \tag{6-1}$$

$$\frac{N_{sv}^-}{N^-} \geqslant \frac{M}{N^- \times C} \tag{6-2}$$

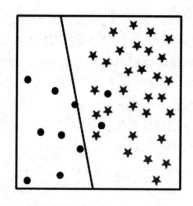

图 6-2　运用支持向量机对不均衡数据集分类

6.3　不均衡数据学习方法概述

不均衡数据的学习方法主要从抽样方法、代价敏感方法、基于核的学习方法、主动学习方法以及单类(one-class)学习方法等方面展开研究。

6.3.1　抽样方法

对样本进行抽样,重新构建均衡数据集是解决不均衡数据集学习问题的一种最为直接的方法,因此获得的研究成果也最为丰富。此类方法主要包括随机过采样、随机欠采样、拟合采样[96-98]、基于聚类的采样[99]以及基于采样的集成方法[100, 101]等。

抽样方法的核心部分是如何在原始数据集上建立抽样策略。例如随机过采样技术就是随机选择少数类对象进行复制,其主要研究成果如 EasyEnsemble 和 BalanceCascade 算法[102]。人工拟合的采样方法通过某些策略人为产生一些样本数据插入到少数类中,最具有代表性的工作是 SMOTE 算法[96],该算法通过计算已有少数类样本之间的特征空间相似度获取人工模拟数据,同时也提出了一些自适应 SMOTE 算法,如 borderline-SMOTE[98] 以及自适应人工抽样算法 ADASYN[103]。抽样算法也会与集成学习方法相结合提升不均衡数据集的学习效果,如 SMOTEBoost[100]、RAMOBoost[104] 和 DataBoost-IM[105] 等。另外,为了解决数据集不同类样本间的覆盖(overlapping)问题,一些数据清理技术也被作为预处理手段应用到数据集的处理中,以提高数据集的学习质量,比较有代表性的工作包括:one-side selection (OSS)[99] 和近邻清洗准则(Neighborhood Cleaning ruLe, NCL)[106]。上述采样方法均是针对普通数据点对象的,对于时间序列数据集而言,数据之间存在时间相关性,只针对点的数据分布而忽视时间顺序的抽样方法,对于时间序列而言是没有意义的。

6.3.2　代价敏感的方法

代价敏感的方法通过构造一个代价矩阵(cost matrices)对不同类的错分代价进行定义,特别是给予关注的少数类对象以较高的错分代价,强调少数类样本的权重,从而调整学习器的分类效果[107, 108]。通过已有的研究成果发现,代价敏感的学习方法对不均衡数据集会产生良好的学习效果。总体上来说,此类方法可以分成三个方向:数据空间加权(基于 translation theorem)[109]、与集成方法结合[110, 111](如 Metacost 框架)以及基于代价模型的分类器改进,如代价敏感的决策树[112]、代价敏感的神经网络[113]、代价敏感的贝叶斯分类器[114] 及代价敏感的支持向量机分类器[115]。

6.3.3　基于核的学习方法

基于核函数的方法主要针对支持向量机模型对核函数进行改造,使得在不均衡数据集中分类超平面向多数类偏斜,从而优化分类器的性能,此类方法又被称为核改造方法(kernel modification method)[116],例如基于 margin 的自适应模糊支持向量机[117]、k 分类近似支持向量机[118]、极端偏斜数据集支持向量机分类器[119] 等。

6.3.4　主动学习方法

主动学习方法也是不均衡数据集学习方法的一类重要形式。为了解决数据集规模庞大,主动学习方法构造一个数据池,每次迭代只读取完整数据集中的一小部分,此时如何选取数据池中的数据对分类器的性能来说至关重要,而这类主动学习方法实际等同于一种抽样方法,因此 Zhu[120] 在词语消除歧义的学习中提出了基于主动学习抽样方法。另外,文献[121]中针对进化的基因编码分类器构建提出了一种简单主动学习层次化方法,该方法通过集成随机抽样和改进的 Wilconxon-Mann-Whitney(WMW)代价函数以及适应不均衡数据集的评价方法,实现对数据集的主动重新分布。

6.3.5　单类学习方法

不同于传统的学习方法,单类学习方法[122]没有采用基于区分的归纳方法(discrimination-based inductive methodology)对正类和负类数据进行分类,而是只针对某单独类别采用基于识别的机制(recognition-based methodology)实现不同类对象的区分。代表性的工作包括 one-class SVMs[123] 和自编码模型[124]。单类学习方法尤其适合于极端偏斜的数据集学习任务,而对于中等规模的偏斜数据集,传统基于区分的归纳方法则较为适合。

6.4　基于 shapelets 特征空间的不均衡时间序列分类方法

本节,给出一种针对不均衡时间序列的分类方法。为了提取有效的时间序列特征并构造新的特征空间,进而实现基于特征空间的抽样方法,首先给出一种时间序列局部特征抽取方法(shapelets 技术)的概念及进展概述;在此基础上结合不均衡数据集分类质量度量标准,对传统 shapelets 的定义进行改进,使其更加适应于不均衡数据集分类；除此之外，针对抽取的 shapelets 集合中存在大量冗余 shapelets 对象的问题，给出一种多样化 top-k shapelets 特征查询算法，保证得到最具辨识力的 k 个 shapelets 对象。最后，通过计算训练数据集中每个序列与 top-k shapelets 对象之间的距离，实现训练数据集的转换，构造得到新的 shapelets 特征空间，并在此特征空间上进行 SMOTE 的过采样，完成基于 shapelets 特征空间的数据集的重新均匀化分布。实验在标准数据集上对所提方法进行了验证，结果表明该方法对偏斜的时间序列数据集取得了良好的分类效果。

6.4.1 shapelets 的概念

shapelets 是描述时间序列局部特征的子序列，是时间序列中一种微小的局部模式，具有高度的辨识性[125]。基于 shapelets 的时间序列分类方法[126]，由于能够发现时间序列间具有微小区别的局部特征，不仅精度高，对分类的结果也有很好的解释能力，已经成为时间序列领域一个重要的主题，受到了越来越多的关注[127, 128]。

Ye 和 Keogh[125] 首先递归地对所有的子序列进行搜索，找到其中最具有辨别能力的 shapelet，然后构建决策树对时间序列数据进行分类。同时采用信息增益作为度量 shapelet 好坏的依据，对于每个 shapelet，计算它与每条时间序列之间的距离并从小到大排序，然后找到一个最优分割点使得信息增益最大；在所有 shapelets 候选集中，信息增益最大的为最优的 shapelet。在针对 shapelets 质量评价方面，Lines 等[126] 将信息增益和 F 统计检验的方法进行了对比，发现 F 统计检验的速度会更快。在之后的工作中，他们在原始的 shapelet 提取方法的基础上，使用了 Kruskal-Wallis(KW) 和 Mood's Median(MM) 检验方法与信息增益的方法进行了对比，这两种方法的速度分别比信息增益要快 14% 和 18%。

在原始的产生 shapelets 的方法中,由于时间序列数据集通常含有大量候选 shapelets,这导致如果对所有的子序列进行搜索会非常耗时,因而,很多人提出了在保证分类准确度的前提下加速 shapelets 搜索的方法。文献[129]采用提前停止距离计算和熵剪枝的加速方法。其他的加速技术依赖于计算的重用和对搜索空间的精简[127],或者在使用 SAX(Symbolic Aggregate approXimation)表示的基础上对候选的 shapelets 进行剪枝[128],以及使用非频繁 shapelets[130]和多样化查询技术去除冗余 shapelets[131]。此外,KW Chang 等[132]采用并行化的方法提高搜索速度。

传统 shapelets 在对分类质量评价时采用的是信息增益这一标准,而一个分裂点$\langle s,d \rangle$的信息增益定义为

$$IG(\langle s,d \rangle) = E(D) - \frac{n_L}{n}E(D_L) - \frac{n_R}{n}E(D_R) \qquad (6\text{-}3)$$

由上式可以看出,信息增益最大问题在于它只能考察某个特征对整个数据集的贡献,不能体现到某个具体类别上。因此,对于不均衡数据集来说,信息增益这一度量标准并不合适,需要选用对数据集分布不敏感的度量方法。

6.4.2 不均衡数据分类质量评价指标

在不均衡分类问题中,多数类对准确率的影响要大于少数类,分类准确率已经无法适用。如何提升少数类对性能指标的影响是衡量新的分类器评价指标好坏的重要因素。

在二分类问题中,针对不均衡数据集,有如表 6-1 所列的混淆矩阵。

表 6-1　　　　　　　　二分类问题的混淆矩阵

	正类样本	负类样本
预测为正类	TP(True Positives)	FP(False Positives)
预测为负类	FN(False Negatives)	TN(True Negatives)

表 6-1 的混淆矩阵中列出了分类时所有可能出现的情况,其中,正类样本和负类样本是数据集中样本的真实类标号,预测为正类和预测为负类表示分类器对样本预测的类标号。TP(True Positives)表示本来为正类,被预测为正类;FP(False Positives)表示本来为负类,被预测为正类;FN(False Negatives)表示本来是正类,被预测为负类;TN(True Negatives)表示本来为负类,被预测为负类。根据混淆矩阵,分类器的分类准确率为:

$$Accuracy = \frac{TP + TN}{TP + TN + FP + FN} \tag{6-4}$$

为了有效评估不均衡分类问题算法的效率,还有如下几个新的指标:

$$Precision = \frac{TP}{TP + FP} \tag{6-5}$$

$$Recall = \frac{TP}{TP + FN} \tag{6-6}$$

$$F\text{-}measure = \frac{(1 + \beta)^2 \times Recall \times Precison}{\beta^2 \times Recall + Precision} \tag{6-7}$$

$$G\text{-}mean = \sqrt{\frac{TP}{TP + FP} \times \frac{TN}{TN + FP}} \tag{6-8}$$

$Precision$ 表示分类预测的精确程度在所有预测为正类的样本中正确分类的比例;$Recall$ 表示分类算法对正类样本预测的完整性——所有实际为正类的样本中,被正确预测的比例。$Precision$ 对类别分布的变化是敏感的,而 $Recall$ 不是。根据上式,不均衡分类问题的目标可以简化为:在不影响 $Precision$ 的前提下,尽可能提高 $Recall$。由于 $Precision$ 与 $Recall$ 的反向关系,实现上述问题显然需要一定权衡。基于分析,$F\text{-}measure$ 是一种典型的权衡函数,它对数据集上类别分布的变化仍然敏感,其中参

数 β 调整 *Precision* 和 *Recall* 在不同应用背景下的比重,整体描述了分类算法的表现。另一种权衡函数是 *G-mean*,同样可以刻画算法性能,且对类别分布的变化不敏感。

除以上的评价指标外,另一种常用的分类器评价指标是 ROC 曲线(Receiver Operating Characteristic curve,接收者操作特征曲线)。ROC 曲线能够公平地对待少数类和多数类,与查准率和查全率类似,ROC 曲线可以在少数类识别率和多数类识别率之间做权衡。

图 6-3 是一个 ROC 曲线的示例。ROC 曲线的横坐标为 FPR[False Positive Rate,即 $FP/(FP+TN)$],纵坐标为 TPR [True Positive Rate,即 $TP/(TP+FN)$]。ROC 曲线图中的四个点:第一个点,$(0,1)$,即 $FPR=0$,$TPR=1$,这就意味着 $FP=0$,$FN=0$,这是一个完美的分类器,所有的样本都被正确分类;第二个点,$(1,0)$,即 $TN=0$,$TP=0$,这是一个最差的分类器,所有的样本都没有被正确地分类;第三个点,$(0,0)$,即 $TP=0$,$FP=0$,也就是说所有的样本都被判定为负类;同理,可得出,第四个点 $(1,1)$,分类器将所有的样本都判定为正类。经过分析可知,ROC 曲线越接近右上角,分类器的性能就越好。而直线 $L1$,其上的点满足 $TPR=FPR$,也就是说该分类器等同于一个随机分类器,因而直线 $L1$ 右侧区域所对应的分类器的效果甚至不如随机分类器。

ROC 曲线有一个很好的特性:当测试集中的正负样本的分布变化时,ROC 曲线能够保持不变。这对于不均衡数据集分类有着重要的意义。

与 ROC 曲线有直接关系的就是 AUC(Area Under the Curve),表示 ROC 曲线下方的面积,可以对分类器的性能进行量化。AUC 的值越大,分类器的分类效果就越好。直观来看,对于图 6-3 中的 $L1$,$L2$,$L3$ 来说,$L3$ 与坐标轴所围成的面积最大,$L2$

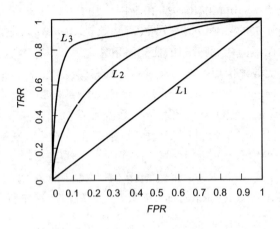

图 6-3　ROC 曲线图

次之，$L1$ 最小，因此，分类效果依次为 $L3>L2>L1$。

6.4.3　针对不均衡数据集的 shapelets 特征抽取方法的改进

　　为了解决不均衡时间序列分类问题，本节采用 AUC 来对候选 shapelets 的好坏进行评价，提出了基于多样化 top-k shapelets 转换的不均衡时间序列分类方法——DivIMShapelet。DivIM-Shapelet 算法首先利用 SAX 技术对原始的时间序列数据进行降维，在产生候选 shapelets 时，使用不均衡数据评价 AUC 对每一条候选 shapelets 进行评价，计算出相应的 AUC 值；在得到包含 AUC 值的候选 shapelets 后，构造多样化 shapelets 图；然后，对多样化 shapelets 图进行查询，得出多样化 top-k shapelets，得出的这 k 个 shapelets 在考虑多样化的基础上还可以适应不均衡数据集的情况；最后，利用这 k 个 shapelets 对原始数据集进行转换，并完成对分类器的建立。DivIMShapelet 算法产生所有候选 shapelets 的伪代码见算法 6-1。

算法 6-1　DivIMShapelet (T, min, max)

输入:训练集 T,最小长度 min,最大长度 max

输出:所有的候选 shapelets

1) allShapelets $= \varnothing$

2) for all time series T_i in T

3) 　　shapelets $= \varnothing$

4) 　　for l $=$ min to max do

5) 　　　　$W_{i,l} =$ generateCandidates(T_i, min, max)

6) 　　　　for all subsequence S in $W_{i,j}$

7) 　　　　　　for m $= 0$ to $|T|$

8) 　　　　　　　　$D_s =$ calcDistance(S, T_m)

9) 　　　　　　end for

10) 　　　　　sort(D_s)

11) 　　　　　AUCvalue $= 0$

12) 　　　　　for i $= 0$ to $|D_s|$

13) 　　　　　　for j $= 0$ to i

14) 　　　　　　　$T_n = D_s[j]$.ts

15) 　　　　　　　if T_n.label $=$ positive

16) 　　　　　　　　tp $=$ tp $+ 1$

17) 　　　　　　　else

18) 　　　　　　　　fp $=$ fp $+ 1$

19) 　　　　　　end for

20) 　　　　　　tpr[i] $=$ tp/ $\sharp$ positive

21) 　　　　　　fpr[i] $=$ fp/ $\sharp$ negtive

22) 　　　　　end for

23) 　　　　AUCvalue $=$ calcAUC(tpr, fpr)

24) 　　　　allShapelets.add(shapelets, AUCvalue)

25) 　　　end for

26) 　　end for

27) end for

28) Graph $=$ conShapeletGraph(allShapelets)

29) Shapelets $=$ DivTopKShapeletQuery(Graph, k)

30) return kShapelets

算法 6-1 的 1)行是对所有候选 shapelets 的初始化。第 2)~5)行是对训练集中的所有时间序列生成长度最小为 min,最大为 max 的候选 shapelets,第 5)行的 $generateCandidates()$ 函数使用了 SAX 技术对时间序列进行降维。第 6~10 行是对所有的候选 shapelets 计算它们与训练集中每一条时间序列之间的距离,然后从小到大排序。第 12)~22)行表示依次增大阈值,计算阈值下的 TPR 和 FPR 值,计算方法如下:使用距离作为阈值,由于 D_s 中的距离已经排好序,依次选取 D_s 中的距离作为阈值,小于或等于此阈值的时间序列均被预测为正类,其余的被预测为负类,第 14)行的 T_n 表示距离向量 D_s 第 j 个位置所对应的时间序列,如果 T_n 实际的类标号为正类,那么 TP(True Positive)的个数加 1,否则 FP(False Positive)的个数加 1,这样就可以计算出 TP 和 FP 的个数,进而得出 TPR 和 FPR 值。第 23)和 24)行是根据之前计算的多个 TPR 和 FPR 值计算每个候选 shapelets 的 AUC 值,并把带有 AUC 值的 shapelets 放入 allShapelets 中。第 28)行构造多样化图 Graph,第 29)行调用算法 6-2 执行多样化 top-k 查询,从而得到一个包含 k 个 shapelets 的集合,然后返回这 k 个 shapelets $kShapelets$,用于训练数据集的转换(见算法 6-3)。

该算法在多样化图的基础上查询得到 k 个多样化 shapelets 集合。首先将信息增益最大的 shapelet(v_1)放到 kShapelets 集合中(第 2)行)。如果 $k=1$,此时算法将会结束,并返回该 shapelet。否则,对于多样化图中的其他结点,如果该结点的邻接结点都不在 kShapelets 中,就可以将该结点加入到 kShapelets 中(第 3)~8)行)。最后返回 k 个多样化 shapelets kShapelets,为后续的处理做准备(第 9)行)。

进行 DivIMShapelets 查询的目的是为了将传统的分类算法应用于转换后的时间序列数据集上。在找到 k 个多样化 shapelets 后,利用这 k 个 shapelets 将原始的训练时间序列数据集进行转换,每条时间序列都可以表示为拥有 k 个属性的实例,每个属性的值为该时间序列与 shapelets 之间的距离。详细过程见算法 6-3。

算法 6-2　DivTopKShapeletQuery($Graph$, k)

输入:多样化图 $Graph$, k 值

输出:多样化 top-k shapelets

1) kShapelets=$\varnothing$,n=|V(Graph)|

2) kShapelets.add(v_1)

3) while(|kShapelets|<k)

4) 　　for i=2 to n

5) 　　　if(Graph[i]∩kShapelets=$\varnothing$)

6) 　　　　kShapelets.add(v_i)

7) 　　　end if

8) 　　end for

9) return kShapelets

算法 6-3　DataTransform($Graph$, k)

输入:k 个 shapelets 集合 kShapelets, 数据集 D

输出:转换后的数据集 transformedData

1) transformedData=$\varnothing$

2) for all time series ts in D

3) 　　transformed=$\varnothing$

4) 　　for s=1 to |kshapelets|

5) 　　　dist=subsequenceDist(ts,s)

6) 　　　transformed.add(dist)

7) 　　end for

8) 　　transformedData.add(transformed)

9) end for

10) return transformedData

算法 6-3 需要用到上一部分从训练集 T 中获得的 k 个 shapelets 集合 kShapelets，对于训练集 T 中的每个样本 T_i，需要计算 T_i 与 S_j 之间的距离，其中 $j=1,2,\cdots,k$。由此产生的 k 个距离用来构建一个转换后的数据样本，其中每个属性对应每个 shapelet 和原始时间序列之间的距离。转换后的数据集形式如表 6-2 所列。

表 6-2　　　　　　　　　　　　转换后的数据集

	shapelet$_1$	shapelet$_2$	...	shapelet$_k$
T_1	d_{11}	d_{12}	...	d_{1k}
T_2	d_{21}	d_{22}	...	d_{2k}
...	...	...	...	...
T_n	d_{n1}	d_{n2}	...	d_{nk}

如果所使用的数据分为训练集和测试集，shapelets 的提取过程只使用训练集以避免偏差，然后提取的 shapelets 用来对训练集进行转换，得到转换后的训练集，这样就把时间序列分类问题看作是一般的分类问题，其具体过程此处不再赘述。

为了进一步提升算法的分类效果，在使用多样化 top-k shapelets 对训练集转换后，将使用 SMOTE 算法对转换后的训练集中的少数类样本进行过采样，从而增加训练集中少数类样本特征的数量，以达到均衡数据集的目的，从而实现算法分类效果的提升。为方便起见，本文将所提出的算法命名为 DivIMShapelet＋SMOTE，算法的具体过程见算法 6-4。

算法 6-4　DivIMShapelet＋SMOTE (T,n,m)

输入:转换后训练集中的少数类样本集 T,采样倍率 n,最近邻个数 m,多样化 top-k shapelets kShapelets

输出:生成的 n＊|T|个少数类样本 syntheticData

1) syntheticData＝$\varnothing$

2) newIndex＝0

3) for i＝1 to |T|

4)　　　NN＝nearestNeighbors(T_i)

5)　　　while n≠0

6)　　　　　j＝random(1,m)

7)　　　　　for k＝1 to |kShapelets|

8)　　　　　　dif＝T[i][k]－ NN[j][k]

9)　　　　　　gap＝rand(0,1)

10)　　　　　　syntheticData[newIndex][attr]＝T[i][k]＋gap＊dif

11)　　　　　end for

12)　　　　　newIndex＋＋

13)　　　　　n＝n－1

14)　　　end while

15) end for

16) return syntheticData

DivIMShapelet＋SMOTE 算法的输入内容为转换后训练集中的少数类样本集 T,采样倍率 n,最近邻个数 m,以及多样化 top-k shapelets kShapelets。利用多样化 top-k shapelets 将原始数据集中的每条时间序列转换为拥有 k 个属性的实例,每个属性的值为该时间序列与 shapelets 之间的距离。训练集被多样化 top-k shapelets 转换后,得到的每个实例中依然包括类标号,选取训练集中的少数类的样本,设为 T。对于 T 中的每个样本,计算出与它距离最近的 m 个近邻(第(3)～4)行)。然后,从这 m 个最

近邻中随机进行 n 次选择 $(m > n)$,每次选出一个最近邻样本(第5)~6)行),然后利用插值公式将这个选出的最近邻样本与 T 中的一个样本进行计算(第7)~11)行)。最后,将所生成的少数类样本集返回(第16)行)。

算法 6-4 生成的少数类样本与原始数据集共同构成了分类器的训练集,然后,采用传统的时间序列分类算法在这个训练集上进行训练分类器,再使用测试集衡量分类效果。

接下来,为了验证本文方法的准确性,我们将进行相关的实验分析。

6.5 实验结果及分析

6.5.1 数据集及实验平台说明

本次实验使用的软硬件平台与第 3 章相同,实验数据选用了来自 UCR 的 ECG200,Wafer,Fish 和 Adiac 共四个数据集,数据集中所有的数据类型都是实值类型。

表 6-3 给出了本次实验使用的数据集的相关信息,包括数据集名称,数据集中每条时间序列的长度,类别个数,用作少数类的个数,不均衡比率 IR,以及训练集和测试集中的多数类与少数类样本数。

表 6-3　　　　　　　　　使用的数据集属性

数据集	长度	类别数	少数类个数	训练集			测试集	
				少数类样本数	多数类样本数	IR	少数类样本数	多数类样本数
ECG200	96	2	1	31	69	2.2	36	64
Wafer	152	2	1	97	903	9.3	665	5 509
Fish	463	7	7	21~28	147~154	5.3~7.3	22~29	146~153
Adiac	176	37	37	4~15	375~386	25~96.5	6~16	375~385

一般来说,当数据集中的 IR 大于 2 时,数据集就会被认为是不均衡的。现在大多数对不均衡数据问题研究的重点是二分类问题,因为多类数据集可以很容易转化为两类数据集。表 6-3 的四个数据集中,ECG200 和 Wafer 这两个数据集包含两个类,其中有一个类为少数类,训练集中多数类与少数类样本数比例分别为 2.2 和 9.3。而对于 Fish 和 Adiac 数据集来说,它们包含多个类,对此,本文采用与文献[43]和文献[88]相同的策略,具体如下:当数据集中含有多个类时,可以将其中样本数小于 1/3 的类看作是少数类,将剩下的其他所有的样本看作是另一个类;如果数据集中存在多个样本数少于 1/3 的类,依次把该类视为少数类,并对最终的结果进行平均。举例来说,Adiac 数据集含有 37 个类,对于其中的每个类,由于每个类的样本数量都在 4~15 之间,可以把每个类都当作是少数类,剩下其他所有样本当作是多数类,多数类的样本数量在 375~386 之间,数据集的不均衡比率在 25~96.5 之间。

为了说明 DivIMShapelet 算法和 DivIMShapelet + SMOTE 算法的有效性,本书将在以上的四个数据集上进行测试,计算出这两个算法分别与 C4.5,1NN,Naive Bayes,Bayesian Network,Random Forest 和 Rotation Forest 六个分类器结合所得到的结果,并与 DivTopKShapelet 算法[131] 相比较。本章还选用了来自文献[133]的 INOS + SVM 算法作为对比算法,该算法已被证明在对时间序列分类时具有一定的优势。下面将从分类准确率,AUC 值和 F-measure 三个方面进行分析。每种算法在相同数据集上运行 20 遍,取平均值作为最终的结果。

6.5.2　准确率分析

表 6-4 展示了 DivTopKShapelet,DivIMShapelet,DivIM-Shapelet + SMOTE 和 INOS + SVM 三个算法的分类准确率结果。表中加粗的数字表示数据集所能取得的最高分类准确率。

表 6-4　　　　　　不同算法的分类准确率　　　　单位:%

算法	分类器	数据集			
		ECG200	Wafer	Fish	Adiac
DivTopKShapelet	C4.5	79.0	96.4	60.8	49.4
	1NN	78.0	97.9	80.1	56.3
	Naive Bayes	80.0	89.0	71.9	57.5
	Bayesian Network	81.0	96.9	65.1	38.9
	Random Forest	82.0	97.2	74.9	58.8
	Rotation Forest	80.0	98.0	85.5	60.1
DivIMShapelet	C4.5	86.0	97.9	75.7	65.0
	1NN	84.0	99.4	89.7	66.2
	Naive Bayes	81.0	89.0	85.3	70.9
	Bayesian Network	83.0	95.2	74.4	62.5
	Random Forest	88.0	97.3	79.8	61.6
	Rotation Forest	87.0	99.6	89.5	63.3
DivIMShapelet+ SMOTE	C4.5	90.0	98.7	85.1	88.4
	1NN	95.0	**100**	**93.3**	80.6
	Naive Bayes	98.0	98.2	90.9	**96.7**
	Bayesian Network	92.0	94.9	89.3	94.7
	Random Forest	**99.0**	99.4	89.8	97.0
	Rotation Forest	96.0	**100**	87.0	**96.7**
INOS	SVM	86.0	97.6	85.9	82.2

从表 6-4 中可以看出,与 DivTopKShapelet 算法相比,改进后的 DivIMShapelet 和 DivIMShapelet+SMOTE 算法在分类准确率上有更好的效果,DivIMShapelet+SMOTE 算法的效果最好。与 INOS +SVM 算法相比,DivIMShapelet 算法在 ECG200,Wafer 和 Fish 三

个数据集上的分类准确率相差不大,但在 Adiac 数据集上的准确率较低,这是由于 Adiac 的数据集不均衡比率过大,DivIMShapelet 算法无法适应。在使用 SMOTE 对转换后的训练集进行过采样后,由于增加了训练集中少数类的特征,DivIMShapelet+SMOTE 算法的分类准确率要全面优于 INOS+SVM 算法。

对于数据集 ECG200,如果直接使用 DivTopKShapelet 算法进行分类,与 Random Forest 分类器结合后的分类准确率最好,为 82.0%;在使用 AUC 值作为对 shapelets 衡量的方法后,DivIMShapelet 算法与 Random Forest 分类器结合后的准确率达到了 88.0%,与 INOS+SVM 算法的准确率相近;经过 SMOTE 算法对转换后的数据集进行均衡后,与 Random Forest 分类器集合后的分类准确率达到了 99.0%,相似的结果也可以从 Fish 和 Adiac 数据集上得出。对于 Wafer 数据集,DivIMShapelet+SMOTE 算法与 1NN 和 Rotation Forest 分类器结合后的准确率达到了 100%,这说明数据集中所有的样本都被正确分类。因此,DivIMShapelet+SMOTE 算法可以显著地提升分类准确率。

为了更直观地比较这三个算法在分类准确率上的提升效果,图 6-4 给出了 DivTopKShapelet,DivIMShapelet 和 DivIMShapelet+SMOTE 三个算法在相同数据集上与六个分类器结合后的平均分类准确率以及 INOS+SVM 算法的分类准确率对比。横坐标为数据集名称,纵坐标为平均分类准确率。

从图 6-4 可以看出,与 DivTopKShaplet 算法相比,DivIMShapelet 算法和 DivIMShapelet+SMOTE 算法在所有四个数据集上都对分类准确率有所提升,DivIMShapelet 算法和 INOS+SVM 算法在 ECG200、Wafer 和 Fish 数据集上比较接近,DivIMShapelet+SMOTE 算法的效果最好,对 ECG200 和 Adiac 数据集有明显的提升。

因此,从整体上来说,DivIMShapelet 算法和 DivIMShapelet+

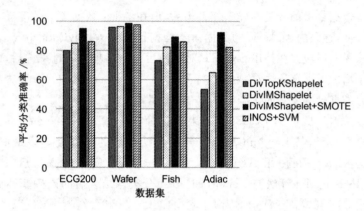

图 6-4　不同算法的平均分类准确率

SMOTE 算法对于不均衡数据集的分类准确率相比 DivTopKShaplet 算法均有一定的优势，DivIMShapelet＋SMOTE 算法最好，对不均衡数据集有更强的适应能力。

6.5.3　AUC 值分析

接下来，我们将对 DivTopKShapelet 算法，DivIMShapelet 算法，DivIMShapelet＋SMOTE 算法和 INOS＋SVM 算法的 AUC 值进行对比，表 6-5 给出了这四个算法的 AUC 结果。表中加粗的数字表示某一数据集所能取得的最大的 AUC 值。

从表 6-5 中可以很容易看出，相比 DivTopKShaplet 算法，DivIMShapelet 算法的 AUC 值要更高，但是效果并不是特别明显，与 INOS＋SVM 算法的效果接近。经过 SMOTE 算法的抽样处理后，DivIMShapelet＋SMOTE 算法的 AUC 值有了一个更为明显的提升，在所有四个算法中分类效果最好。

对于 Wafer 数据集，DivIMShapelet＋SMOTE 算法在与 1NN 和 Rotation Forest 分类器结合后，AUC 值为 1，这意味着测试集中所有的样本都被正确分类。对于 ECG200 数据集，AUC 的最大值为 0.95，由分类器 Random Forest 和 Rotation Forest 取

得，Fish 和 Adiac 数据集的最高的 AUC 值分别为 0.97 和 0.99。

表 6-5 不同算法的 AUC 值

本文算法	分类器	数据集			
		ECG200	Wafer	Fish	Adiac
DivTopKShapelet	C4.5	0.66	0.55	0.75	0.78
	1NN	0.87	0.60	0.79	0.79
	Naive Bayes	0.88	0.64	0.76	0.81
	Bayesian Network	0.79	0.65	0.72	0.85
	Random Forest	0.86	0.61	0.86	0.77
	Rotation Forest	0.90	0.61	0.82	0.81
DivIMShapelet	C4.5	0.78	0.75	0.79	0.83
	1NN	0.89	0.79	0.84	0.84
	Naive Bayes	0.94	0.83	0.85	0.83
	Bayesian Network	0.89	0.72	0.86	0.88
	Random Forest	0.90	0.76	0.80	0.80
	Rotation Forest	0.91	0.74	0.87	0.84
DivIMShapelet＋SMOTE	C4.5	0.92	0.95	0.90	0.96
	1NN	0.93	**1**	0.93	**0.99**
	Naive Bayes	0.98	0.96	0.95	0.94
	Bayesian Network	0.94	0.96	0.96	0.97
	Random Forest	**0.95**	0.99	0.95	0.97
	Rotation Forest	**0.95**	**1**	**0.97**	0.98
INOS	SVM	0.90	0.93	0.88	0.89

图 6-5 给出了 DivTopKShapelet，DivIMShapelet 和 DivIM-Shapelet＋SMOTE 算法在相同数据集上与六个分类器结合后的平均 AUC 值以及 INOS＋SVM 算法的 AUC 值。横坐标为数据

集名称,纵坐标为平均 AUC 值。

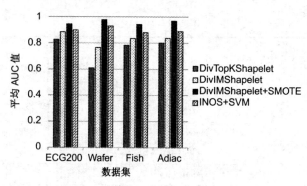

图 6-5　不同算法的平均 AUC 值

从图 6-5 可以看出,与 DivTopKShaplet 算法、DivIMShapelet 算法和 INOS+SVM 算法相比,DivIMShapelet+SMOTE 算法的 AUC 值最高。DivIMShapelet+SMOTE 算法可以明显提升 DivIMShapelet 算法在 Wafer、Fish 和 Adiac 三个数据集上的分类效果,证明 DivIMShapelet+SMOTE 算法在处理不均衡数据集时的效果更好,改善了少数类样本的分类效果。

6.5.4　F-meausre 值分析

与上一小节类似,本节将对 DivTopKShapelet 算法,DivIMShapelet 算法,DivIMShapelet+SMOTE 算法和 INOS+SVM 算法的 F-measure 值进行对比。表 6-6 给出了这四个算法的 F-measure 结果。表中加粗的数字表示某一数据集所能取得的最大的 F-measure 值。

从表 6-6 可以看出,在将 shapelets 的评价标准改为 AUC 后,DivIMShapelet 算法的效果明显好于 DivTopKShapelet 算法,在 ECG200、Fish 和 Adiac 数据集上的最优 F-measure 值大于 INOS+SVM 算法,证明 DivIMShapelet 算法对不均衡数据分类的适应性增强。进一步,采用 SMOTE 算法对转换后的数据集进行过采样操作,DivIMShapelet＋SMOTE 算法的 F-measure 值有了一个更大的提升。

表 6-6　　　　　　　　不同算法的 F-measure 值

本文算法	分类器	数据集			
		ECG200	Wafer	Fish	Adiac
DivTopKShapelet	C4.5	0.72	0.61	0.78	0.80
	1NN	0.83	0.62	0.76	0.81
	Naive Bayes	0.78	0.65	0.77	0.85
	Bayesian Network	0.80	0.63	0.71	0.86
	Random Forest	0.85	0.68	0.88	0.79
	Rotation Forest	0.82	0.60	0.80	0.78
DivIMShapelet	C4.5	0.87	0.78	0.80	0.82
	1NN	0.88	0.80	0.82	0.85
	Naive Bayes	0.93	0.85	0.86	0.86
	Bayesian Network	0.90	0.82	0.85	0.81
	Random Forest	0.91	0.78	0.83	0.88
	Rotation Forest	0.92	0.76	0.78	0.83
DivIMShapelet＋SMOTE	C4.5	0.93	0.95	0.94	0.95
	1NN	0.92	**1**	0.95	**0.98**
	Naive Bayes	**0.97**	0.95	0.92	0.92
	Bayesian Network	0.95	0.97	0.93	0.93
	Random Forest	0.96	0.98	0.96	0.94
	Rotation Forest	0.95	**1**	**0.97**	0.96
INOS	SVM	0.90	0.96	0.83	0.80

对于 ECG200 数据集,DivIMShapelet＋SMOTE 算法取得的

最大 F-measure 值为 0.97,是与 Naive Bayes 分类器结合后取得;
DivIMShapelet＋SMOTE 算法在 Wafer 数据集上的 F-measure
值最大达到了 1,是与 1NN 和 Rotation Forest 分类器结合后得
到;Fish 和 Adiac 数据集的最大 F-measure 值分别为 0.97 和
0.98。

图 6-6 给出了本文的三个算法与六个分类器结合后的平均
F-measure值和 INOS-SVM 算法的 F-measure 值对比,横坐标为
数据集名称,纵坐标为平均 F-measure 值。

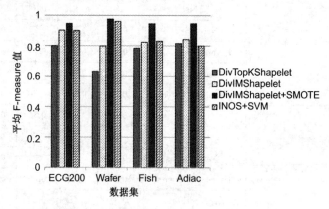

图 6-6 不同算法的平均 F-measure 值

从图 6-6 中可以看出,DivIMShapelet＋SMOTE 算法在所有
四个算法中的 F-measure 值最高,在处理不均衡数据集时效果最
好。和 DivTopKShapelet 算法相比,DivIMShapelet 算法可以在
一定程度上改善分类效果,但改善效果不大,与 INOS＋SVM 算
法在数据集 ECG200、Fish 和 Adiac 上的 F-measure 值相近。对
转换后的数据集过采样后,DivIMShapelet ＋ SMOTE 算法的
F-measure值在 Wafer、Fish 和 Adiac 三个数据集有了很大程度的
提高,而这三个数据集的不均衡比率是依次增大的,进而说明 Di-

vIMShapelet＋SMOTE 算法能够对比率较高的数据集依然有较好的分类效果,更能适应不均衡数据分类。

综上所述,DivTopKShapelet 算法在面对不均衡数据分类时,已经不能得到一个很好的结果;DivIMShapelet 算法的分类效果虽较 DivTopKShapelet 算法有所提升,但提升空间不大,与 INOS＋SVM算法的效果接近;经过 SMOTE 算法对转换后的数据集进行过采样后,DivIMShapelet＋SMOTE 算法的分类效果最好,不论是在分类准确率还是在 AUC 值和 F-measure 上,都有了一个明显的改善。因此,DivIMShapelet＋SMOTE 算法在面对不同比率的不均衡数据集分类时的分类效果有所改善,可以用来解决不均衡数据集分类问题。

6.6　小结

本章首先介绍了不均衡学习的概念,并对煤与瓦斯突出监测数据所具有的不均衡性及其对突出检测产生的影响进行了分析,概述了现有算法的不足之处。通过采取 AUC 这一对不均衡数据集不敏感的方法作为度量 shapelets 特征的标准,提出了一种面向不均衡数据集的多样化 top-k shapelets 时间序列分类方法(DivIMShapelet 算法)。该算法结合了 shapelets 分类算法的可解释性和 AUC 对不均衡数据集的适应性,具有较好的分类效果。在 DivIMShapelet 算法的基础之上,使用 SMOTE 方法对转换后的数据集进行过采样(DivIMShapelet＋SMOTE 算法),使其能够更好地均衡数据集样本。为了说明 DivIMShapelet 算法和 DivIMShapelet＋SMOTE 算法的有效性,进行了相关实验,验证了 DivIMShapelet 算法和 DivIMShapelet＋SMOTE 算法的分类效果,并在标准数据集上获得了较为理想的分类效果。但是,针对突出监测数据的分类效果研究,尚不完善,将作为后续研究的方向。

参 考 文 献

［1］袁亮,才庆祥,周福宝,等. 煤与瓦斯突出灾害及其科学防治［M］.北京：高等教育出版社,2016.

［2］胡千庭,赵旭生. 中国煤与瓦斯突出事故现状及其预防的对策建议［J］.矿业安全与环保,2012(5)：1-6.

［3］孙和应,常松岭. 煤与瓦斯突出预测和防治［M］. 徐州：中国矿业大学出版社,2014.

［4］李绍泉. 近距离煤层群煤与瓦斯突出机理及预警研究［D］.北京：中国矿业大学(北京),2013.

［5］郑哲敏,陈力,丁雁生. 一维瓦斯突出破碎阵面的恒稳推进［J］.中国科学：数学,1993,36(4)：377-384.

［6］颜爱华,徐涛. 煤与瓦斯突出的物理模拟和数值模拟研究［J］.中国安全科学学报,2008,18(9)：37-42.

［7］魏建平,朱会启,温志辉,等. 煤与瓦斯突出冲击波传播规律实验研究［J］.煤,2010,19(8)：11-13.

［8］许江,刘东,尹光志,等. 非均布荷载条件下煤与瓦斯突出模拟实验［J］.煤炭学报,2012,37(5)：836-842.

［9］孟祥跃,丁雁生,陈力,等. 煤与瓦斯突出的二维模拟实验研究［J］.煤炭学报,1996,21(1)：57-62.

［10］BODZIONY J,NELICKI A,TOPOLNICKI J.Results of laboratory investigations of gas and coal outbursts［J］. People,1989.

［11］吴鑫,隆泗. 不同煤粒粒级配比下的煤与瓦斯突出实验研究

[J]. 中国安全生产科学技术，2012，8(12)：16-20.

[12] 尹光志，李晓泉，蒋长宝，等. 石门揭煤过程中煤与瓦斯延期突出模拟实验[J]. 北京科技大学学报，2010，32(7)：827-832.

[13] 欧建春. 煤与瓦斯突出演化过程模拟实验研究[D]. 徐州：中国矿业大学，2012.

[14] 许江，刘东，彭守建，等. 不同突出口径条件下煤与瓦斯突出模拟试验研究[J]. 煤炭学报，2013，38(1)：9-14.

[15] 柴艳莉. 基于智能信息处理的煤与瓦斯突出的预警预测研究[D]. 徐州：中国矿业大学，2011.

[16] 撒占友，何学秋，王恩元. 工作面煤与瓦斯突出电磁辐射的神经网络预测方法研究[J]. 煤炭学报，2004，29(5)：563-567.

[17] 杨敏，汪云甲，程远平. 煤与瓦斯突出预测的改进差分进化神经网络模型研究[J]. 中国矿业大学学报，2009，38(3)：439-444.

[18] 朱志洁，张宏伟，韩军，等. 基于 PCA-BP 神经网络的煤与瓦斯突出预测研究[J]. 中国安全科学学报，2013，23(4)：45-50.

[19] 郭德勇，李念友，裴大文，等. 煤与瓦斯突出预测灰色理论-神经网络方法[J]. 北京科技大学学报，2007，29(4)：354-357.

[20] 张天军，苏琳，乔宝明，等. 改进的层次分析法在煤与瓦斯突出危险等级预测中的应用[J]. 西安科技大学学报，2010，30(5)：536-542.

[21] 孙鑫，徐杨，林柏泉，等. 煤与瓦斯突出影响因素评价分析的模糊层次分析方法[J]. 中国安全科学学报，2009，19(10)：145-149.

[22] 关维娟. 煤矿工作面作业环境及煤与瓦斯突出危险综合评价研究[D]. 淮南：安徽理工大学，2015.

[23] HENZINGER M R, RAGHAVAN P, RAJAGOPALAN S.

Computing on data streams [C]// Proceedings of a DIMACS Workshop: External Memory Algorithms, New Brunswick, New Jersey, 1998:107-118.

[24] 常建龙. 数据流聚类及电信数据流管理[D].上海:复旦大学, 2008.

[25] AGGARWAL C C. Managing and mining uncertain data [M]. Heidelberg: Springer US, 2009.

[26] YEH M Y, WU K L, YU P S, et al. PROUD: a probabilistic approach to processing similarity queries over uncertain data streams[C]. International Conference on Extending Database Technology, Saint Petersburg, Russia, 2009:684-695.

[27] BERINGER J, ÜLLERMEIER E H. Online clustering of parallel data streams[J]. Data & Knowledge Engineering, 2006, 58(2): 180-204.

[28] CHEN J Y, HE H H. A fast density-based data stream clustering algorithm with cluster centers self-determined for mixed data[J]. Information Sciences, 2016, 345(C): 271-293.

[29] AGGARWAL C C, YU P S. A framework for clustering uncertain data streams[C]//Proceedings of the 2008 IEEE 24th International Conference on Data Engineering.Cancun: IEEE Computer Society, 2008:150-159.

[30] MASUD M M, GAO J, KHAN L, et al. Classification and novel class detection in concept-drifting data streams under time constraints[J]. IEEE Transactions on Knowledge & Data Engineering,2010, 23(6): 859-874.

[31] YANG H, FONG S. Moderated VFDT in stream mining

using adaptive tie threshold and incremental pruning[C]. International Conference of Data Warehousing and Knowledge Discovery, Toulouse, 2011:471-483.

[32] LIU G, CHENG H R, QIN Z G, et al. E-CVFDT: An improving CVFDT method for concept drift data stream[C]. International Conference on Communications, Circuits and Systems, Kuala Lumpur, 2013:315-318.

[33] 吴枫,仲妍,吴泉源. 基于增量核主成分分析的数据流在线分类框架[J]. Acta Automatica Sinica,2010, 36(4): 534-542.

[34] 吴枫,仲妍,吴泉源. 基于时间衰减模型的数据流频繁模式挖掘[J]. Acta Automatica Sinica, 2010, 36(5): 674-684.

[35] ARASU A, MANKU G S. Approximate counts and quantiles over sliding windows[C]. ACM Sigact-Sigmod-Sigart Symposium on Principles of Database Systems, Paris, 2004:286-296.

[36] 杨君锐,黄威. 基于前缀树的数据流频繁模式挖掘算法[J]. 华中科技大学学报(自然科学版), 2010,38(7): 107-110.

[37] CHANDOLA V, BANERJEE A, KUMAR V. Anomaly detection:a survey[M]. New York: ACM, 2009:1-58.

[38] ZHOU A Y, QIN S K, QIAN W N. Adaptively detecting aggregation bursts in data streams[J]. Lecture Notes in Computer Science, 2005, 3453: 435-446.

[39] TANG L A, CUI B, LI H, et al. Effective variation management for pseudo periodical streams[C]. ACM SIGMOD International Conference on Management of Data, Beijing, 2007:257-268.

[40] LAKHINA A, CROVELLA M, DIOT C. Mining anomalies using traffic feature distributions[C]. ACM SIGCOMM 2005

Conference on Applications，Technologies，Architectures，and Protocols for Computer Communications，Philadelphia，2005：217-228.

[41] PAPADIMITRIOU S，SUN J，FALOUTSOS C. Streaming pattern discovery in multiple time-series [J]. Vldb，2005：697-708.

[42] ZHU Y，SHASHA D. StatStream：statistical monitoring of thousands of data streams in real time[C]//Proceedings of the 28th International Conference on Very Large Data Bases，Hong Kong，2002：358-369.

[43] 李国徽，陈辉，杨兵，等. 基于概率模型的数据流预测查询算法[J]. 计算机科学，2008，35(4)：66-69.

[44] IWATA K，NAKASHIMA T，ANAN Y，et al. Improving accuracy of multiple regression analysis for effort prediction model [C]. IEEE/ACIS International Conference on Computer and Information Science and Ieee/acis International Workshop on Component-Based Software Engineering，software Architecture and Reuse，Honolulu，HI，2006：48-55.

[45] 陈安龙，唐常杰，傅彦，等. 基于能量和频繁模式的数据流预测查询算法[J]. 软件学报，2008，19(6)：1413-1421.

[46] 李国徽，付沛，陈辉，等. 基于 GEP 方法的数据流预测模型[J]. 计算机工程，2007，33(18)：75-77.

[47] 肖辉. 时间序列的相似性查询与异常检测[D].上海：复旦大学，2005.

[48] CHAN K P，FU W C. Efficient time series matching by wavelets[C]. International Conference on Data Engineering，Sydney，1999：126-133.

[49] KANTH K V R, AGRAWAL D, ABBADI A E, et al.Dimensionality reduction for similarity searching in dynamic databases[J]. Computer Vision & Image Understanding, 1999, 75(1-2): 59-72.

[50] PARK S, CHU W W, YOON J, et al. Efficient searches for similar subsequences of different lengths in sequence databases[C]. International Conference on Data Engineering, San Diego, 2000:23.

[51] PRATT K B, FINK E. Search for patterns in compressed time series[J]. International Journal of Image & Graphics, 2001,2(1): 89-106.

[52] PERNG C S,WANG H,ZHANG S R,et al.Landmarks: a new model for similarity-based pattern querying in time series databases[C]. International Conference on Data Engineering,San Diego, 2000:33-42.

[53] PARK S, KIM S W, CHU W W. Segment-based approach for subsequence searches in sequence databases[C]. ACM Symposium on Applied Computing, Melbourne, 1970: 248-252.

[54] 肖辉,胡运发. 基于分段时间弯曲距离的时间序列挖掘[J]. 计算机研究与发展,2005, 42(1): 72-78.

[55] 杜奕. 时间序列挖掘相关算法研究及应用[D].合肥:中国科学技术大学, 2007.

[56] MA J, PERKINS S. Online novelty detection on temporal sequences[C].ACM SIGKDD International Conference on Knowledge Discovery and Data Mining, Washington DC, 2003:613-618.

[57] 张晨. 数据流聚类分析与异常检测算法[D]. 上海：复旦大

学，2009.

[58] ZHU Y, SHASHA D. Efficient elastic burst detection in data streams[C]. ACM SIGKDD International Conference on Knowledge Discovery and Data Mining, Washington DC, 2003:336-345.

[59] AOYING ZHOU S Q, QIAN W. Adaptively detecting aggregation bursts in data streams[J]. Lecture Notes in Computer Science, 2005, 3453: 435-446.

[60] ZHANG C, WENG N, CHANG J, et al. Detecting abnormal trend evolution over multiple data streams[C]. Advances in Data and Web Management, Joint International Conferences, Suzhou, 2009:285-296.

[61] YANG D, RUNDENSTEINER E A, WARD M O. Neighbor-based pattern detection for windows over streaming data[C]. International Conference on Extending Database Technology: Advances in Database Technology, Saint-Petersburg, 2009:529-540.

[62] KEOGH E, LONARDI S, CHIU Y C. Finding surprising patterns in a time series database in linear time and space [C]//Proceedings of the Eighth ACM SIGKDD International Conference on Knowledge Discovery and Data Mining, Edmonton, Alberta, Canada, 2002:550-556.

[63] LONARDI S, LIN J, KEOGH E. Efficient discovery of unusual patterns in time series[J]. New Generation Computing, 2006, 25(1): 61-93.

[64] JANEJA V P, ADAM N R, ATLURI V, et al. Spatial neighborhood based anomaly detection in sensor datasets [J]. Data Mining and Knowledge Discovery, 2010, 20(2):

221-258.

[65] METWALLY A, AGRAWAL D, ABBADI A E. Using association rules for fraud detection in web advertising networks[C]. International Conference on Very Large Data Bases,Trondheim, Norway, 2005:169-180.

[66] KLEINBERG J. Bursty and hierarchical structure in streams [C]. Eighth ACM SIGKDD International Conference on Knowledge Discovery and Data Mining,Edmonton, Alberta, Canada: 2003:91-101.

[67] HUNG H P, CHEN M S. Efficient range-constrained similarity search on wavelet synopses over multiple streams [C]. ACM International Conference on Information and Knowledge Management,Arlington, VA,2006:327-336.

[68] FU A W, LEUNG T W, KEOGH E, et al. Finding time series discords based on haar transform[J]. Lecture Notes in Computer Science,2006, 4093: 31-41.

[69] BUU H T Q, ANH D T. Time series discord discovery based on iSAX symbolic representation[C]. Third International Conference on Knowledge and Systems Engineering, Hanoi, Vietnam,2011:11-18.

[70] PHAM N D, LE Q L, DANG T K. HOT a SAX: A novel adaptive symbolic representation for time series discords discovery[C]. Asian Conference on Intelligent Information and Database Systems,Hue City, Vietnam,2010:113-121.

[71] LUO W, GALLAGHER M. Faster and parameter-free discord search in quasi-periodic time series[C]. The 15th Pacific-Asia Conference on Knowledge Discovery and Data Mining, Shenzhen,China,2011:135-148.

[72] LI G，YSY O，JIANG L，et al. Finding time series discord based on bit representation clustering[J]. Knowledge-Based Systems,2013，54(4)：243-254.

[73] THUY H T T，ANH D T，CHAU V T N.Some efficient segmentation-based techniques to improve time series discord discovery[M].[s.l.]：Springer International Publishing,2016.

[74] 李文凤,彭智勇,李德毅. 不确定性 Top-k 查询处理[J].软件学报,2012,23(6):1542-1560.

[75] SOLIMAN M A，ILYAS I F. Ranking with uncertain scores[C]. IEEE International Conference on Data Engineering,Shanghai,China,2009;317-328.

[76] B O RZS O NYI S,KOSSMANN D,STOCKER K.The skyline operator[C]//Proceedings of the 17th International Conference on Data Engineering,Washington, DC,USA,2001;421-430.

[77] JAGADISH H V, KOUDAS N, MUTHUKRISHNAN S. Mining deviants in a time series database.[C]// Proceedings of International Conference on Very Large Data Bases.Edinburgh, Scotland, UK,1999;102-113.

[78] KEOGH E, LIN J, FU A. Hot sax：efficiently finding the most unusual time series subsequence [C]. ICDM'05, Washington, DC, USA,2005;226-233.

[79] 关维娟,张国枢,陈清华,等. 基于瓦斯涌出时间序列的煤与瓦斯突出预测方法研究[J].安全与环境学报,2011,11(3)：170-173.

[80] 王汉斌. 煤与瓦斯突出的分形预测理论及应用[D].太原:太原理工大学,2009.

[81] WU Q, SHAO Z. Network anomaly detection using time

series analysis[C]. Joint International Conference on Auto-nomic and Autonomous Systems and International Confer-ence on NETWORKING and Services, French Polynesia, 2005, 42.

[82] PINCOMBE B. Anomaly detection in time series of graphs using ARMA processes[J]. Asor Bulletin, 2005, 24.

[83] ABRAHAM B, CHUANG A. Outlier detection and time series modeling[J]. Technometrics, 1989, 31(2): 241-248.

[84] CHEN Y, DONG G, HAN J, et al. Multi-dimensional re-gression analysis of time-series data streams[C]//Proceed-ings of International Conference on Very Large Data Bases, Hong Kong, China, 2002: 323-334.

[85] 熊斌,夏克勤.鱼田堡煤矿矿井涌水量时间序列分析[J].煤炭科学技术,2009,37(11):95-98.

[86] 程健,白静宜,钱建生,等.基于混沌时间序列的煤矿瓦斯浓度短期预测[J].中国矿业大学学报,2008,37(2):231-235.

[87] 徐精彩,赵庆贤,邓军,等.矿井瓦斯涌出量时间序列的分形特性分析[J].辽宁工程技术大学学报:自然科学版,2004,23(1):1-4.

[88] 四旭飞,张文平.五阳煤矿 3# 煤层瓦斯含量多元回归分析[J].煤,2009,18(9):53-54.

[89] 由伟,刘亚秀,李永,等.用人工神经网络预测煤与瓦斯突出[J].煤炭学报,2007,32(3):63-65.

[90] 马科伟,袁梅,李渡波.人工神经网络在矿井监测监控数据中的预测研究[J].煤矿安全,2010,41(8):88-90.

[91] 孙艳玲,秦书玉,梁宏友.煤与瓦斯突出预报的模糊聚类关联分析法[J].辽宁工程技术大学学报:自然科学版,2003,22(4):492-493.

［92］陈祖云. 煤与瓦斯突出前兆的非线性预测及支持向量机识别研究［D］. 徐州：中国矿业大学，2009.

［93］邓明.煤与瓦斯突出早期辨识与实时预警技术研究［D］.淮南：安徽理工大学，2010.

［94］HE H，MA Y. Imbalanced learning：foundations，algorithms，and applications［M］.［s.l.］：John Wiley & Sons，Inc，2013.

［95］YU H，MU C，SUN C，et al. Support vector machine-based optimized decision threshold adjustment strategy for classifying imbalanced data［J］. Know.-Based Syst，2015，76（1）：67-78.

［96］CHAWLA N V，BOWYER K W，HALL L O，et al. SMOTE：synthetic minority over-sampling technique［J］. Journal of Artificial Intelligence Research，2011，16（1）：321-357.

［97］BLAGUS R，LUSA L. SMOTE for high-dimensional class-imbalanced data［J］. BMC Bioinformatics，2013，14（1）：1-16.

［98］HAN H，WANG W Y，MAO B H. Borderline-SMOTE：a new over-sampling method in imbalanced data sets learning［C］. International Conference on Intelligent Computing，2005：878-887.

［99］JO T，JAPKOWICZ N. Class imbalances versus small disjuncts［J］. Acm Sigkdd Explorations Newsletter，2004，6（1）：40-49.

［100］CHAWLA N V，LAZAREVIC A，HALL L O，et al. SMOTE Boost：improving prediction of the minority class in boosting［C］. European Conference on Principles and Practice of Knowledge Discovery in Databases，

Cavtat-Dubrovnik,Croatia,2003:107-119.

[101] MEASE D,WYNER A J,BUJA A. Boosted classification trees and class probability/quantile estimation[J]. Journal of Machine Learning Research,2007,8(3): 409-439.

[102] LIU X Y,WU J,ZHOU Z H. Exploratory undersampling for class-imbalance learning[J]. IEEE Transactions on Systems, Man, and Cybernetics, Part B, Cybernetics: A Publication of the IEEE Systems Man & Cybernetics Society,2006,39(2): 539.

[103] HE H,BAI Y,GARCIA E A,et al. ADASYN: Adaptive synthetic sampling approach for imbalanced learning[C]. IEEE International Joint Conference on Neural Networks,Hong Kong,2008: 1322-1328.

[104] CHEN S,HE H,GARCIA E A. RAMOBoost:ranked minority oversampling in boosting[J]. IEEE Transactions on Neural Networks,2010,21(10): 1624-1642.

[105] GUO H,VIKTOR H L. Learning from imbalanced data sets with boosting and data generation: the DataBoost-IM approach[J]. Acm Sigkdd Explorations Newsletter,2004, 6(1): 30-39.

[106] LAURIKKALA J. Improving identification of difficult small classes by balancing class distribution[M]. Berlin Heidelberg: Springer,2001:63-66.

[107] ZHANG J, GARCÍA J. Online classifier adaptation for cost-sensitive learning[J]. Neural Computing and Applications,2016,27(3): 781-789.

[108] KAI M T. An instance-weighting method to induce cost-sensitive trees[J]. Knowledge & Data Engineering IEEE

Transactions on,2002,14(3):659-665.

[109] ZADROZNY B,LANGFORD J,ABE N. Cost-sensitive learning by cost-proportionate example weighting[C]// Proceedings of the Third IEEE International Conference on Data Mining. Washington, DC: IEEE Computer Society,2003,435-442.

[110] DOMINGOS P. Meta cost: a general method for making classifiers cost-sensitive[C]. International Conference on Knowledge Discovery and Data Mining,San Diego,CA, 1999:155-164.

[111] SUN Y,KAMEL M S,WONG A K C,et al. Cost-sensitive boosting for classification of imbalanced data[J]. Pattern Recognition,2007,40(12):3358-3378.

[112] MALOOF M A. Learning when data sets are imbalanced and when costs are unequal and unknown[C]. Workshop on Learning from Imbalanced Data Sets Ⅱ,ICML,Washington DC,2003.

[113] ZHOU Z H,LIU X Y. Training cost-sensitive neural networks with methods addressing the class imbalance problem[J]. IEEE Transactions on Knowledge & Data Engineering,2005,18(1):63-77.

[114] WEBB G I,PAZZANI M J. Adjusted probability Naive Bayesian induction[C]. Australian Joint Conference on Artificial Intelligence,Brisbane,Australia,1998:285-295.

[115] ROLI F,FUMERA G.Support vector machines with embedded reject option[J]. 2002.

[116] HONG X,CHEN S,HARRIS C J. A kernel-based two-class classifier for imbalanced data sets[J]. IEEE Trans-

actions on Neural Networks,2007,18(1): 28-41.

[117] LIU Y H, CHEN Y T. Face recognition using total margin-based adaptive fuzzy support vector machines[J]. IEEE Trans Neural Netw,2007,18(1): 178-192.

[118] FUNG G M,MANGASARIAN O L. Multicategory proximal support vector machine classifiers [J]. Machine Learning,2005,59(1):77-97.

[119] RASKUTTI B,KOWALCZYK A. Extreme re-balancing for SVMs: a case study[J]. Acm Sigkdd Explorations Newsletter,2004,6(1): 60-69.

[120] ZHU J,HOVY E H. Active learning for word sense disambiguation with methods for addressing the class imbalance problem[C]//Proceedings of the 2007 Joint Conference on Empirical Methods in Natural Language Processing and Computational Natural Language Learning, Prague,Czech Republic,2007:783-790.

[121] TIAN J,GU H, LIU W. Imbalanced classification using support vector machine ensemble[J]. Neural Computing and Applications,2011,20(2): 203-209.

[122] CHAWLA N V,JAPKOWICZ N,KOTCZ A. Editorial: special issue on learning from imbalanced data sets[J]. Acm Sigkdd Explorations Newsletter,2004,6(1): 1-6.

[123] MANEVITZ L M,YOUSEF M. One-class svms for document classification[J]. Journal of Machine Learning Research,2002,2(1): 139-154.

[124] JAPKOWICZ N. Supervised versus unsupervised binary-learning by feedforward neural networks [J]. Machine Learning,2001,42(1): 97-122.

[125] YE L,KEOGH E. Time series shapelets: a new primitive for data mining [C]//Proceedings of the 15th ACM SIGKDD International Conference on Knowledge Discovery and Data Mining(KDD'09),New York,USA, 2009:947-956.

[126] LINES J, DAVIS L M, HILLS J, et al. A shapelet transform for time series classification[C]. KDD'12,New York,USA,2012:289-297.

[127] MUEEN A,KEOGH E,YOUNG N. Logical-shapelets:an expressive primitive for time series classification [C]// Proceedings of the 17th ACM SIGKDD International Conference on Knowledge Discovery and Data Mining(KDD'11), New York,USA,2011:1154-1162.

[128] KEOGH E J, RAKTHANMANON T. Fast shapelets:a scalable algorithm for discovering time series shapelets. [C]//Proceedings of the 2013 SIAM International Conference on Data Mining,Austin,Texas,2013:668-676.

[129] YE L,KEOGH E. Time series shapelets:a novel technique that allows accurate,interpretable and fast classification [J]. Data Mining and Knowledge Discovery,2011,22(1): 149-182.

[130] HE Q, DONG Z, ZHUANG F, et al. Fast time series classification based on infrequent shapelets[C]. ICMLA' 12,Washington, DC, USA,2012:215-219.

[131] 孙其法,闫秋艳,闫欣鸣. 基于多样化 top-k shapelets 转换的分类方法[J]. 计算机应用,2017(2):335-340.

[132] CHANG K,DEKA B,HWU W W, et al. Efficient pattern-based time series classification on GPU[C]. ICDM'12,Wash-

ington, DC, USA,2012:131-140.

[133] CAO H,LI X L,WOON Y K, et al. Integrated oversampling for imbalanced time series classification[J]. IEEE Transactions on Knowledge & Data Engineering,2013,25 (12):2809-2822.